U0072810

漫畫戰略兵法
近代
用兵思想入門
illustrated by hiraiyukio

漫畫戰略兵法 **近代用兵思想入門**

目錄

漫畫：ヒライユキオ／插圖：湖湘七巳

登場人物

瑪莉妲

來自魔法之國的魔法海軍陸戰隊隊員。於本書擔任己方部隊的指揮官。

娜伊薇

才色兼備的海軍少女。於本書擔任主持人。

艾米

希望得到公民權而投身陸軍的狗耳朵少女。於本書擔任士兵。

米凱大將

自稱天才戰術家的貓耳傭兵隊長。與麾下的貓耳部隊一同扮演敵軍部隊。

前言

近年來，「混合戰」與「多域戰」這類新型態的戰爭與作戰方式，在全世界的軍事相關人員之間形成熱烈的討論，而這類戰爭型態或作戰方式除了改變國家的軍備，當然也對國際關係造成了影響。

不過，要想了解前述的「混合戰」與「多域戰」，就必須知道戰爭是如何進行的，也必須了解調兵遣將的方法。換言之，就是必須擁有用兵之道的基本知識。

因為，這些最新的作戰型態或兩軍交戰的方式都是源自過去各種用兵思想。

因此本書將透過漫畫與插圖，簡單易懂地介紹拿破崙時代的克勞塞維茨與約米尼，到第二次世界大戰德軍的「閃電戰」（連同對後世造成影響，卻很少被詳細介紹的第一次世界大戰的砲兵戰術與步兵戰術一併介紹），因為這些歷史上的用兵思想對現代的用兵思想造成了深刻的影響，所以本書也以這些歷史上的用兵思想做為主題。

不過，本書認為簡潔地說明用兵之道的全貌或不可不知的定論最為重要，所以會簡單帶過部分說明，也會跳過一些異論與嶄新的理論，還請大家見諒。

此外，雖然有些用兵之道已隨著最近的研究而產生了全新的解釋，但本書還是只介紹這些用兵之道最初的模樣，因為後世的用兵思想都是根據這些最初的用兵理論發展而成的，所以若不從這些最初的理論出發，就難以了解後世用兵思想的發展脈絡。若大家對過去的事實有興趣，建議參考一些以驗證歷史為主題的研究書籍。

很抱歉，光是引言就寫得如此長篇大論，接著就讓我們進入主題吧。

田村尚也

第1課

用兵思想與Doctrine

留克特拉戰役——

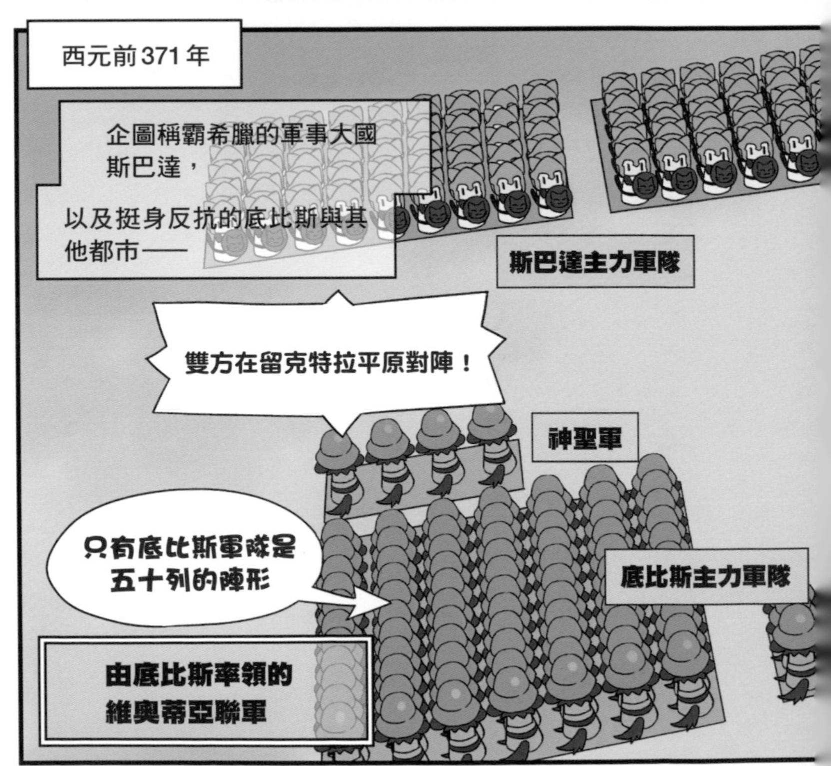

西元前371年
企圖稱霸希臘的軍事大國斯巴達，
以及挺身反抗的底比斯與其他都市——
斯巴達主力軍隊
雙方在留克特拉平原對陣！
神聖軍
只有底比斯軍隊是五十列的陣形
底比斯主力軍隊
由底比斯率領的維奧蒂亞聯軍

第1課 第2課 第3課 第4課 第5課 第6課

「用兵思想」的萌芽

◆斯巴達王
克勒姆布羅托1世

以斯巴達為首的
伯羅奔尼撒聯軍
斯巴達騎兵
12列的步兵隊一字排開！
我們聯軍軍力是敵人的1.7倍！應該能輕鬆獲勝吧♪
底比斯騎兵

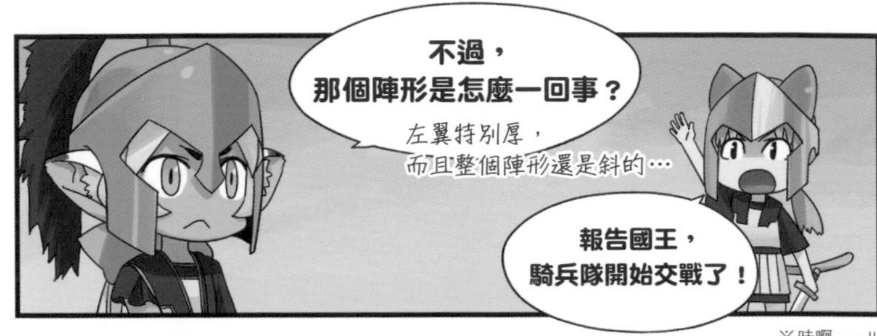
不過，
那個陣形是怎麼一回事？
左翼特別厚，
而且整個陣形還是斜的…
報告國王，
騎兵隊開始交戰了！

※哇啊——!!
底比斯在騎兵戰大獲全勝，
斯巴達騎兵全面潰敗。

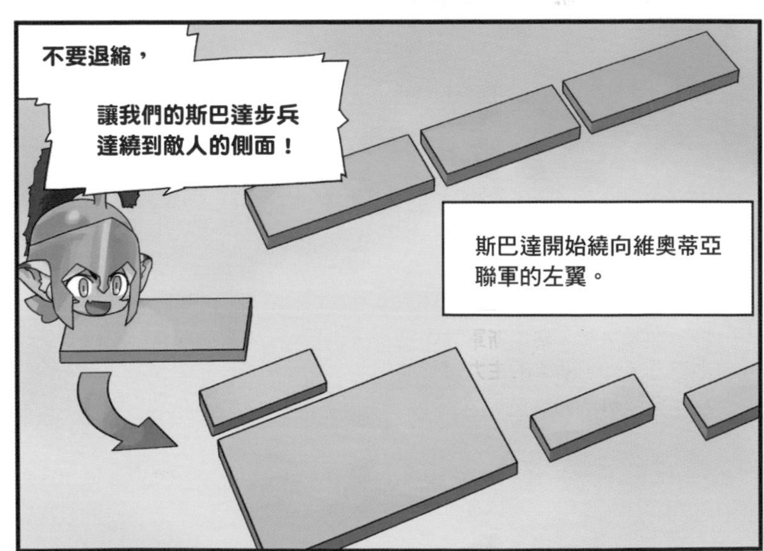
不要退縮，
讓我們的斯巴達步兵
繞到敵人的側面！
斯巴達開始繞向維奧蒂亞聯軍的左翼。

啊，斯巴達的軍隊
開始移動了！
神聖軍快去阻止
斯巴達的軍隊！
全軍前進！

底比斯的精兵「神聖軍」
擋住了斯巴達軍隊的去路。
可惡啊！

※哇啊——!!
繼神聖軍之後，底比斯軍隊衝向
斯巴達軍隊，兩軍的主力部隊展
開正面對抗。
ワーッ!! ワーッ!!

絕不能輸！
讓敵人看看斯巴達的強悍！

可是斯巴達步兵被布陣厚實的
底比斯步兵逼得節節敗退——
擊潰敵人！
敵人怎麼
這麼多！

失去斯巴達這支主力部隊後，伯
羅奔尼撒聯軍也跟著分崩離析。
斯巴達敗退！
快逃！
集中戰力。
留克特拉戰役是歷史上
首次應用「重點」這項概念的戰爭。

何謂用兵思想？

本書將「用兵思想」定義為與用兵相關的思想，也就是作戰方式以及調兵遣將的各種概念。

一般認為，人類歷史上首次出現所謂的「用兵思想」是在古代遠東世界。這個概念最為是在西元前26～25世紀，也就是距今4600～4400之前出現。從之前出土的黏土板上面的板畫即可推論，美索不達米亞（現代的伊拉克部分地區）的城邦烏爾或拉格什在當時就已經懂得以大量的步兵組成密集的「方陣」（四角形的隊形）作戰。

這種以大量步兵組成的方陣是人類歷史上最古老的陣形之一，繼承這種陣形的希臘世界也將這種陣形稱為「Phalanx」※1。

伊巴密濃達的「重點」配置

在西元前371年希臘世界爆發的「留克特拉戰役」之中，伊巴密濃達將軍（西元前420？～前362年）率領的底比斯軍隊（與同盟的維奧蒂亞聯軍）以「重點」配置兵力的方式與斯巴達軍隊作戰，這一仗不僅是歷史上的創舉，也在歷史上留下明確的記錄。

所謂的「重點」配置是指在布置前線的兵力時，刻意將兵力集中於重點之處，同時削減次要之處的兵力，讓兵力分布不均等的布陣方式。這在現代是理所當然的理論，但在當時卻是劃時代的創舉。

讓我們以更具體的例子說明。假設敵軍的兵力有5萬人，我們的兵力有6萬人，而兩陣的戰線分成五大戰區，兵力也都平均分布的話，各戰區的兵力將會是1比1.2的比例，所以敵我陣營都很難大獲全勝，每個戰區很可能淪為勢均力敵的情況。

假設我們將某個戰區的兵力增至2萬人，再於剩下的4個戰區各配置1萬人的兵力，這4個戰區有可能會敵人打得難分難捨，但配置2萬人兵力的戰區卻能以1比2的兵力占得上風，比起兵力為1比1.2的情況更容易獲勝（參考示意圖）。如果能在這個兵力占優勢的戰區造成敵軍防線的破口，就有可能繞到敵人的後方，偷襲其他戰區的敵方部隊。

換言之，就算兵力相當，這種「重點」配置兵力的布陣很有機會大破敵軍，所以才說這種布陣方式是劃時代的創舉。

留克特拉戰役的「重點」配置

在前述的「留克特拉戰役」之中，底比斯軍隊與斯巴達軍隊的兵力比例大約是1比1.7，斯巴達軍隊較有優勢。

斯巴達軍隊的陣形是排成12列的方陣，也就是沒有「重點」配置的陣形，也在右翼配置了斯巴達民兵這支精銳部隊（重裝步兵），企圖讓這支機動力較高的部隊繞到底比斯軍隊的側面。此外，為了掩護這支重裝部隊，還在前方配置了騎兵部隊。這就是斯巴達軍隊精心設計的布陣方式。

反觀底比斯軍隊是採取將「重點」放在左翼的陣形。具體來說，就是讓主力的重裝步兵排成50列，接著再配置由同性伴侶組成的精銳部隊「神聖軍」，並於神聖軍的前方配置騎兵部隊。

雙方一交火，斯巴達重裝步兵就開始繞往底比斯軍隊左翼的側面，但是當底比斯軍隊的騎兵部隊對掩護斯巴達重裝步兵的敵方騎兵部隊展開突擊後，斯巴達的騎兵部隊反而被逼回後方的重裝步兵之中，導致移動中的步兵隊伍陣腳大亂，底比斯的神聖軍又以正面迎擊的方式阻止斯巴達重裝步兵往己方陣營的側面移動，接著底比斯的主力軍隊便從打算繞到側面的斯巴達重裝步兵的斜前方，一舉衝進敵方陣營之中。雖然斯巴達重裝步兵出師不利，但畢竟是精銳部隊，所以成功阻止了底比斯主力部隊的攻勢，雙方的方陣部隊也就此陷入僵局。

這種方陣的特徵在於前列的士兵倒下後，後列的士兵能立即往

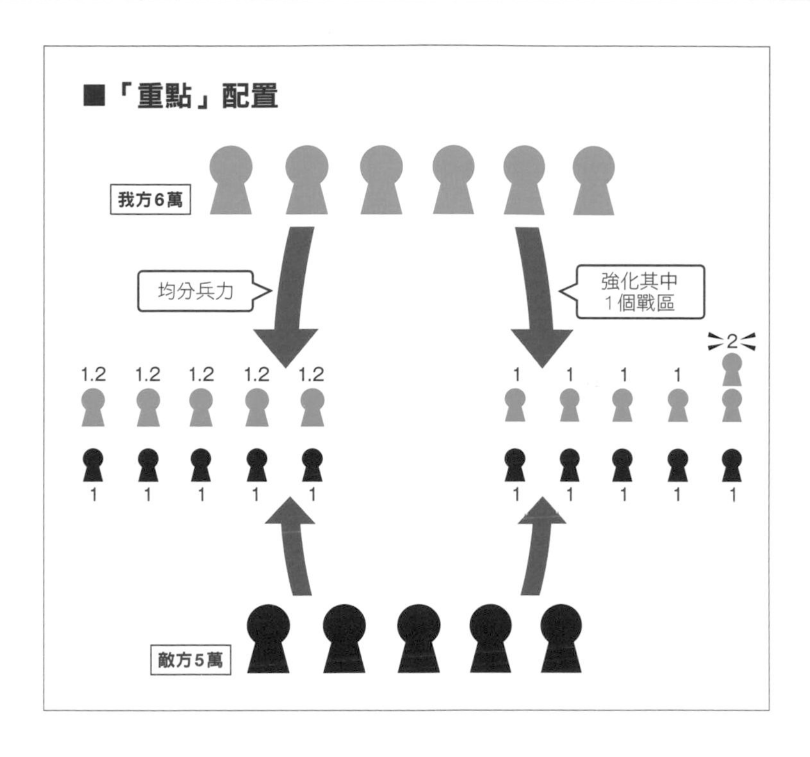

前補上，所以一旦最後一列的士兵也倒下，就沒有能往前遞補的士兵，整個陣形也會因此出現破口，這也意味著排成50列的底比斯軍隊比排成12列的斯巴達軍隊有更多的兵員可以補充，與敵軍抗衡的耐力也遠遠高於對方。

在底比斯左翼厚實的方陣部隊持續的壓制之下，斯巴達軍隊右翼最終只得潰散，而當斯巴達國王戰死的消息傳開，斯巴達軍隊也瞬間瓦解，兵力屈居下風的底比斯軍隊也因此獲勝。

由於此戰的史料不太完整，所以對於布陣的方式或交戰的過程也各有解釋，但是就「重點」配置兵力這點而言，留克特拉戰役公認是首次在歷史留下記錄的戰役。

難以斷言的「斜線陣」

此外，許多人認為底比斯軍隊之所以能贏得這場「留克特拉戰役」，在於「斜線陣」（梯形陣）這種陣形。所謂的「斜線陣」就是在面對敵軍時，讓我方部隊以斜線配置的陣形。這種陣形的特徵在於配置較多兵力的主力部隊與敵軍正面交鋒之後，斜後方的預備部分能繞向敵軍側面繼續展開攻擊。

不過有一種說法是，底比斯軍隊是為了追上繞往己方軍隊側面的斯巴達軍隊才形成這種「斜線陣」，所以這場戰役其實還留有許多無法輕易斷言的疑點，例如底比斯軍隊是否從一開始就打算如此布陣，而這種陣形是否真的如此厲害。

但不管答案如何，這種「重點」配置兵力的概念在現代仍然通用，這也讓「留克特拉戰役」成為在用兵思想歷史上留名的戰役之一。

容我重申一次，本書是以「用兵思想」一詞概括這種「重點」配置兵力的思想。換言之，各種與作戰方式或調兵遣將有關的概念都屬於「用兵思想」的一環。

※1：「Phalanx」在古希臘語是「綁成一捆的木棒」或「滾動」之意。

Doctrine
——共享的軍事行動方針

Doctrine的意思是奠定理論基礎的「原理、原則」，是常於現代的政治、外交、軍事範疇使用的詞彙喲。
Doctrine

Doctrine這個單字在政治與外交領域的意思是國家的基本戰略或外交方針。
杜魯門主義
共產主義圍堵政策

在軍事方面，Doctrine的意思是軍隊的「擬定軍事行動方針的基本原則」。
讓我們在下一頁進一步介紹吧。

第
1
課

第
2
課

第
3
課

第
4
課

第
5
課

第
6
課

Doctrine到底是什麼意思？

其實「Doctrine」這個字在宗教的意思是「教義」或「教理」。

但在現代的軍隊是「經軍方中樞認同，於部隊共享的軍事行動方針的基本原則」，軍隊的裝備、編制、教育訓練、指揮官的思維與決策機制、指揮方式都將遵循這項原則。

這個單字也常於外交或政治的世界使用，例如第二次世界大戰之後日本首相吉田茂的「吉田主義」（Yoshida Doctrine）或美國總統杜魯門的「杜魯門主義」（Truman Doctrine）。嚴格來說，這是「軍事準則」或「戰爭準則」的意思。

若問有哪些實例的話，1982年美國陸軍採用了「空地作戰」（Airland Battle）或1989年美國海軍陸戰隊採用的「機動作戰」（Maneuver Warfare）。

其中的「空地作戰」是於「冷戰」時期誕生的軍事準則。當時以蘇聯為主的共產主義、社會主義的東歐集團，正與由美國為號召的資本主義與自由主義的西方陣營對峙，因此美國陸軍負責開發軍事準則的「美國陸軍訓練與準則司令部」（Traing and Doctrine Command，簡稱TRADOC）便開發了「空地作戰」這項軍事準則因應，而這項軍事準則至今仍被稱為TRADOC的最高傑作。

反觀美國海軍陸戰隊的「機動作戰」，就不像陸軍是由專業機構開發的軍事準則，而是由當時的海軍陸戰隊司令官一手制定的軍事準則，但現在仍是美國海軍陸戰隊的基本軍事準則。

有關這些軍事準則的內容將於續作中進一步介紹。

「共享」的意義

軍隊指揮官的教育與訓練內容
都是根據Doctrine文件喲。
我要一對一
單挑～
英雄主義嗎？
每一位指揮官都必須根據
Doctrine文件所分享的原則作戰，
不能毫無章法地下達作戰命令。
所謂的原則就是
「該如何作戰」的方針。
共享
原則＝作戰方針

為什麼需要「共享」呢？
？
不能各有各的作戰方式嗎？
軍隊是「組織」，各自作戰的話，就會像一盤散沙。

不如讓我們以「拉麵店」為例吧。
カラララ
您好——
歡迎光臨

超辣斷魂椒30倍！
雞湯拉麵很好吃喲！
我要挑戰香魚拉麵！
湯頭負責人
麵條負責人
配料負責人
每個人想的拉麵都不一樣啊！

※散發壓力

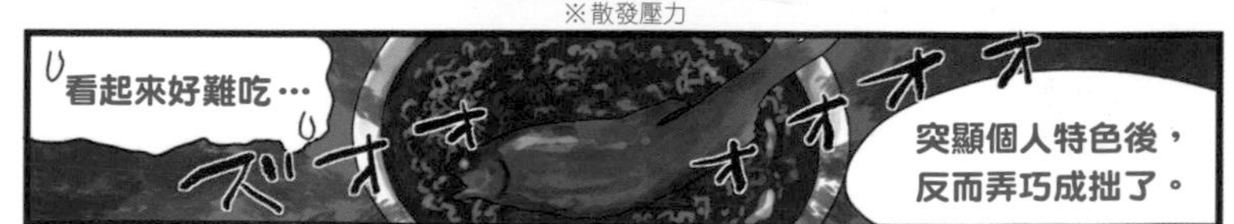
看起來好難吃…
ズォォォォォォ
突顯個人特色後，反而弄巧成拙了。

我們這家店
的主打是
味噌拉麵！
那麼就讓我們「共享」
以味噌拉麵為主打的這個原則吧。

我要使用正統的
熟成味噌喲！
湯頭
負責人
我要使用容易沾附
味噌的捲麵！
麵條
負責人
我要使用玉米與
奶油喲！
配料
負責人
哇～
居然能做出
這麼好吃的拉麵啊！
MENU

※大口吸
這比喻雖然
有點誇張，
但看起來應該是已經了解
共享想法的意思了。
——喂，
妳有在聽嗎？

什麼是「Doctrine」文件呢？

集結「空地作戰」或「機動作戰」這類作戰方針的文件就稱為Doctrine文件。

比方說，美國陸軍首次採用「空地作戰」的Doctrine官方文件就是1982年版的FM100-5「Operations」(「作戰」之意)。文件開頭的「FM」是「Field Manual」的縮寫，中文譯為「戰場手冊」。

此外，美國海軍陸戰隊首次採用「機動作戰」的Doctrine文件是1989年公布的FMFM1「Warfighting」(譯為教戰守則)。文件名稱開頭的「FMFM」是「Fleet Marine Force Manual」的縮寫，中文可譯成「艦隊陸戰隊教戰手冊」。

美國海軍陸戰隊後續又於1997年發布了FMFM1「Warfighting」的修訂版MCDP1「Warfighting」。「MCDP」是「Marine Corps Doctrinal Publication」的縮寫，意思是「海軍陸戰隊準則出版品」，不過這個修訂版在Doctrine的核心概念「機動作戰」沒有明顯的改變，「機動作戰」仍是美國海軍陸隊戰目前的基本教條。

順帶一提，這類Doctrine文件都是公開的，隨時可在網路上面找到。

何謂教範？

日本自衛隊的「教範」也是Doctrine文件的一種。

日本自衛隊的「教範」的官方定義是由日本防衛廳（當時的稱謂）發布的訓令第34號第2條所制定，後續雖然經過局部修訂，但目前仍然有效。

訓令第34號第2條的條文如下。

教範為部隊指揮調動、隊員教育訓練的準則，藉此讓自衛隊的行動與教育訓練得以適當及有效地實施。

照片：U.S.ARMY/SSgt. Sharon Matthias

上述的教範是於自衛隊的各級部隊與學校，用於訓練部隊指揮官領導方式與隊員行動方式的文件，簡單來說就是教科書。

Doctrine文件與軍隊作戰方式

這些Doctrine文件都是軍隊的行動準則，也就是說（容我重申一次），是根據「軍隊的裝備、編制、教育、訓練、指揮官的思維、決策的框架、指揮方式這些經過軍方中樞認可，且於軍中共享的行動方針與基本原則」所撰寫的文件。

現代的大國都會依照這種Doctrine文件（或教範）教育與訓練士兵，並要求由這些士兵組成的軍隊根據Doctrine文件的準則作戰。反過來說，不依準則作戰的軍隊反而是例外。

過去的Doctrine文件通常是由親自率領軍隊作戰的將軍根據個人經驗或研究寫成，例如18世紀的普魯士國王腓特烈二世（1712～1786年，就也是腓特烈大帝）所寫的《戰爭普遍原則

（The King of Prussia Military Instruction to his Generals）就是其中之一。

戰爭或軍隊的規模在18世紀到19世紀末這段期間愈來愈大，作戰的方式與技術也愈來愈複雜，所以主要國家的軍隊通常都是由幕僚合力撰寫Doctrine文件（不過也有例外，例如普魯士王國陸軍參謀總長毛奇整理的《高級指揮官的教令》〈Aus den Verordnungen für die höheren Truppenführer vom 24. Juni 1869〉就是其中之一）。

話說回來，直到第一次世界大戰之前，主要國家的各級軍隊（不是該國的整個軍隊，而是以多個軍團組成的部隊）通常都有自創的教令與作戰方式。從用兵思想的歷史來看，由「軍方中樞認可，且於部隊共享的Doctrine」是直到近代才出現。

那麼Doctrine是如何得到軍方中樞認可，以及於部隊共享的呢？下一章將為大家進一步說明這個部分。

Doctrine與軍隊的裝備、編制

Doctrine是決定裝備的採購、調度
與部隊編制的基礎。

※碰碰碰碰碰碰碰碰碰
「機動力就是一切！」
我要打造機械化部隊
與直昇機部隊！
※咚咚咚
「用火力摧毀敵人！」
擴大砲兵部隊
的規模吧！

要採取何種作戰方式呢？
必須根據Doctrine採購必要的裝備
以及規劃軍隊的編制。

■第1課總結

①本書將「用兵思想」定義為與調兵遣將有關的邏輯，也就是與作戰方式、軍隊指揮相關的各種概念。

②「Doctrine」是經軍方中樞認同，於部隊共享的軍事行動方針的基本原則，軍隊的裝備、編制、教育訓練、指揮官的思維與決策機制、指揮方式都將遵循這項原則。

③集結Doctrine內容的文件稱為Doctrine文件。

④現代軍隊都是依照Doctrine的內容實施教育訓練與作戰。

第2課

約米尼與克勞塞維茨

約米尼的《戰爭藝術》

安託萬－亨利．約米尼

約米尼於瑞士法語區出生，也曾於法軍服役，但是後來在拿破崙遠征俄羅斯的隔年便投向俄羅斯軍隊，轉身與法軍作戰。

（※是因為與上司處得不好，所以離開法軍。）

約米尼曾這麼說——

戰爭有不變的原則！

若摒除政治、社會因素，戰爭也有物理法則這類不變的原則。

換言之，
由他所著的《戰爭藝術》
是一本根據不變的原則所著的
「戰爭勝利方針」，
是一本實用的工具書喲。

約米尼口中的「獲勝之道」

在用兵思想的發展史之中，約米尼與克勞塞維茨是絕不可不提的用兵思想家，而本課將介紹這兩位思想家的理論，以及這兩位的理論如何影響後世（尤其是現代）。首先為大家隆重介紹的是約米尼。

出生於瑞士法語區的安託萬－亨利・約米尼（1779～1869）在拿破崙時代曾於法軍服役，後來擔任俄羅斯皇帝的軍事顧問。

這位約米尼最知名的著作就是《戰爭藝術》，而這本書到了19世紀之後，成為各國士官學校或參謀學院的教科書或必修課程，據說美國爆發南北戰爭（1861～65）的時候，南北陣營的將軍甚至是「右手持劍，左手拿著《戰爭藝術》這本書」作戰。

這本《戰爭藝術》的主要內容是贏得戰爭的方法論，也就是「How to win（如何致勝）」，而後續介紹的克勞塞維茨以及由他所著的《戰爭論》則以觀察戰爭為何物的內容為主，屬於「What is war（戰爭為何？）」的內容，與約米尼的《戰爭藝術》可說是互成對照。

戰爭有「不變的原則」？

約米尼認為，在排除政治與社會的因素之後，戰爭有所謂的「不變的原則」，也根據這項主張提出下列這些贏得戰爭的基本原則。

約米尼的基本原則（1838年）※1

1. 讓大部隊進行戰略性移動時，盡可能讓部隊投入敵方的聯絡線或陣地，避免己方軍隊的聯絡線曝露在危險之中。
2. 盡可能讓己方的主力軍隊與敵方的次要軍隊作戰。
3. 作戰時，盡快讓大部隊移動至決勝地點或前線最重要的地點。

4. 除了讓大部隊移動到決勝地點之外，還要靈活調度這些大部隊，讓這些大部隊一齊參與作戰。

一如前述，現代的軍隊都有視為軍事行動方針的基本原則，也就是有集結「Doctrine」的官方文件，但其實在英語世界的Doctrine文件列舉的「戰爭原則」往往都看得見上述這些基本原則的影子。

比方說，美國陸軍的「九大軍事原則」（Nine Principles of War）於Doctrine文件記載的歷史已接近90年之久，雖然近年新增了三項原則，但過去的九大原則未做任何修訂，因此現在總共有十二項原則。

此外，制定日本陸上自衛隊的指揮方式、作戰方式最重要的《野外令》也於初版就記載了前述的「九大軍事原則」。此外，日本陸上自衛隊也從美國陸軍引用了預判敵人的行動或是比較己方軍隊的行動方針這類判斷作戰狀況的手法，而這些手法其實都源自約米尼。

由此可知，約米尼的用兵思想直到現代，仍影響著各國的主要軍隊。

美國陸軍的「九大軍事原則」

美國陸軍的「九大軍事原則」是於1921年首次記載於訓練規則TR10-5（Training Regulation No.10-5），基本輪廓也於此時成形。在2008年的野戰教範FM3-0《Operations》新增三大原則之前，這「九大軍事原則」都記載於doctrine文件。接下來要從修訂之前的FM3-0《Operations》（2001年版）節錄與介紹這「九大軍事原則」。

◆九大軍事原則
目標原則（OBJECTIVE）
攻擊原則（OFFENSIVE）
集中原則（MASS）
兵力節約原則（ECONOMY OF FORCE）
機動原則（MANEUVER）
指揮統一原則（UNITY OF COMMAND）
警戒原則（SECURITY）
奇襲原則（SURPRISE）
簡潔原則（SIMPLICITY）

「目標原則」是指所有的軍事作戰都要有「明確定義且可行的目標」。反之，若目標不夠明確，就算達成也沒有多大意義，或是不可設定無法達成的目標。

「攻擊原則」是採取攻勢，掌握、維持、運用主導權的意思，即使現在的情況只容許採取防守，也必須找機會進攻，奪得主導權。

「集中原則」是將戰鬥力或戰鬥力造成的效果集中在具決定性的地點或時間，而下個原則可說是這項原則的補充說明。

「兵力節約原則」是有效運用兵力的意思，具體來說，就是盡可能縮減於次要的地點或時間投入的戰鬥力。

「機動原則」是靈活運用兵力，將敵人逼入困境的意思（「機動」一詞在美國海軍陸戰隊的意思極為廣泛，詳情將於續作介紹）。

「指揮統一原則」則是讓負責各種目標的指揮官減至一人，以確保相關措施的一致性。若指揮系統陷入多頭馬車的狀況，會造成混亂。

「警戒原則」是充分警戒，避免敵人透過奇襲或意外之舉占得上風的意思。

「奇襲原則」則與上一項原則相反，是在敵人還未準備就緒之時，以出乎敵人意料的方法攻擊敵人。

「簡潔原則」是讓計畫與命令盡可能簡單明瞭，確保這些計畫與命令能於部隊通達，過於複雜的計畫或抽象的命令只會造成誤會與混亂。

現代的軍隊是我一手打造的。
這有點太誇張了。

九大作戰原則－The 9 PRINCIPLES of WAR

約米尼對現代軍隊的影響之一
就是美國陸軍的
「九大作戰原則」。
讓我們一起了解
相關的內容吧。

「目標原則 OBJECTIVE」
擬定明確的目標與方向！
勇往直前，
直到殲滅敵軍為止！
請擬定可行
且有意義的目標。

「指揮統一原則 UNITY OF COMMAND」
是指揮系統單線化！
這次是
共同指揮聯軍！
請讓指揮系統
變得單純一點。
相同階級

「集中原則 MASS」
將戰力集中至一決勝負的時間與地點！
嗯，想占領橋樑
以及能俯視整座橋的丘陵，
但敵人說不定
會從這邊來啊…
這樣兵力很分散耶…

「簡潔原則 SIMPLICITY」
讓行動的計畫、命令盡可能簡單明瞭！
過○○橋的道路非常重要，但能
眼望盡這座橋的丘陵也很重要！我想
了很多方法，但總括來說，就是要靈活
配置部隊，以便抵禦敵人的攻擊
到底是在說什麼啊？

「警戒原則 SECURITY」
不允許敵人採取出乎意料的行動！
呵呵呵，
背後露出一大片空隙啊！

「奇襲原則 SURPRISE」
在敵人意料之外的時間點或地點
給予重重一擊！
有隙可乘！
ガサッ
※嚓嚓
ばっ
※哇

「機動原則 MANEUVER」
靈活調動戰力，創造有利的
局勢！
趁著友軍牽制敵人的時候，我軍趕快繞到敵軍側面吧！

「攻擊原則 OFFENSIVE」
積極進攻，奪得主導權！
哇，居然從側面攻來？快派一個分隊對付！
還有背後偷襲？也快派一個分隊對付～
這就是奪得主導權的意思。

「兵力節約原則ECONOMY OF FORCE」
避免浪費兵力，以最少的兵力獲得最佳的戰果！

那邊也開戰了啊！

我們不用趕去嗎？

喂──!!
可以坐視不管嗎？

這就是「九大軍事原則」喲。
美國陸軍的將軍都曾接受過這九大軍事原則的基礎課程。

現在的「聯合作戰原則」

一如前述，這「九大軍事原則」又追加了三大原則，總計追加至十二大原則。在此為大家從本書執筆之際最新的Doctrine文件JP3-0「Joint Operations」(聯合作戰，2017年版、2018年第1次修訂)節錄與介紹這三大原則。

JP3-0是橫跨美國陸軍、海軍、空軍、海軍陸戰隊、海岸防衛隊的聯合作戰(Joint Operations)※2 Doctrine文件。文件開頭的「JP」是「Joint Publication」的縮寫，中文通常譯為「聯合出版物」。

◆聯合作戰原則

目標原則(OBJECTIVE)
攻擊原則(OFFENSIVE)
集中原則(MASS)
兵力節約原則(ECONOMY OF FORCE)
機動原則(MANEUVER)
指揮統一原則(UNITY OF COMMAND)
警戒原則(SECURITY)
奇襲原則(SURPRISE)
簡潔原則(SIMPLICITY)
克制原則(RESTRAINT)
忍耐原則(PERSEVERANCE)
正當性原則(LEGITIMACY)

接著為大家介紹於「九大軍事原則」新增的三大原則。

所謂的「克制原則」是指不過度行使武力，更加謹慎行事的意思。因為在大規模正規戰結束之後，通常會進行維持社會秩序的維安作戰，而此時必須獲得在地居民的支持，所以過度行使武力只會影響後續提及的正當性，還會導致維安作戰以及其他目標難以達成。

「忍耐原則」則是為了達成國家戰略目標的最終狀態（END STATE），長期進行必要的軍事介入（COMMITMENT），因為於正規戰結束之後執行的維安作戰有時會長達數年。

「正當性原則」則是實施符合美國法律、國際法、國際條件的軍事行動，讓美國在該國進行軍事活動之後，該國可得到國民與國際社會承認其執政的正當性與權威性，而且也符合支持該軍事行動的美國國民所求。

自2001年爆發的阿富汗戰爭，就不斷進行小規模的平叛作戰；自2003年爆發的伊拉克戰爭也於大規模軍事活動結束之後，長期執行維安作戰，而這兩次作戰或許都是增列這三大原則的因素之一。此外，美軍於1965年介入越戰之際，未能讓當時的越南共和國（也就是南越）維持執政的正當性與權威，也失去美國民眾的支持，所以上述的三大原則有可能是受這些事件的影響而增列。

約米尼造成的影響

主張戰爭有「不變的原則」的約米尼認為幕僚層級的事務是可以透過教育學習的，而這項主張也一直延續到現代，對主要國家的軍隊將領造成了深刻的影響。

※1：日文譯文引用自戰略研究學會編撰，片岡徹也、福川秀樹編著，戰略論大系列卷《戰略、戰術用語事典》（暫譯，芙蓉書房出版，2003年）。
※2：所謂的「聯合（Joint）」是指兩種以上的軍種參與作戰的意思。聯合作戰、聯合任務部隊的「聯合」都是這個意思。

聯合作戰原則—新增的三大原則

「克制原則 RESTRAINT」
是指不過度行使武力，更加謹慎行事的意思。
真是麻煩，
乾脆夷平整條街算了！
太過分了！
不可饒恕！
給我等著瞧！

「正當性原則 LEGITIMACY」
則是遵守國際法或國際條約，維持正當性與權威的意思。
當心在地居民的
觀感不佳…
有可能引來國際社會的撻伐…

「忍耐原則 PERSEVERANCE」
是指長期持續必要的軍事介入。
這項耗費大量資金與兵力的維安作戰差不多該撤兵了。
已經快看到成果了，
再堅持一下吧。
就算是戰爭，也不能忽略人權與道德，否則就得不到國民的支持，在意識形態上也站不住腳。

克勞塞維茨的《戰爭論》

卡爾·馮·克勞塞維茨

生於普魯士王國馬格德堡近郊，於普魯士軍隊服役。曾以軍官的身分參與拿破崙戰爭。

曾以年輕軍官的身分與拿破崙的軍隊作戰，嘗到敗北的滋味。

克勞塞維茨曾這麼說——

戰爭是一種包含政治與社會因素的複雜現象，所以沒有「絕對的原則」。

他將自己的理念整理成共8章的《戰爭論》之後，發現其中有6章需要修正，而且才修正了第1章就去世了！

未完成的《戰爭論》

卡爾·馮·克勞塞維茨（1780～1831年）出生於德國中央地區的馬德格堡，曾於普魯士軍隊擔任軍官，參與拿破崙戰爭，也曾於陸軍部、陸軍大學服務。

克勞塞維茨所著的《戰爭論》是最為知名的用兵思想書籍。一如前述，約米尼《戰爭藝術》的主旨是贏得戰爭的方法論，也就是「How to win」的內容，但《戰爭論》的主旨則是觀察戰爭為何物，換言之就是「What is war」。

《戰爭論》是一本總共8章的書籍，而克勞塞維茨在寫好前6章以及其餘2章的手稿之後，發現許多部分要大幅修正，所以便打算從第1章開始重寫，可惜天不從人願，他只修正了第1章就抱憾離世，這也意味著《戰爭論》是部未完成的著作。

此外，克勞塞維茨在其《戰爭論》應用了同時代的德國哲學家黑格爾的辨證分析法。具體來說，就是透過揚棄（Aufheben）的方式從「正題」（These）與「反題」（Antithese）導出合題（Synthese）的分析方法。

在這本《戰爭論》之中，曾比較徹底擊垮對手這種不可能實現的「絕對戰爭」，與受到政治、社會各類因素限制的「現實戰爭」，藉此分析戰爭的本質。

這種分析方式導致《戰爭論》的內容非常艱澀，而且也因為尚未寫成，所以招致許多誤會與曲解，有些人甚至將這本書視為實踐「絕對戰爭」的思想，並且因為這個思想絕不可能實踐而批評本書。

若說約米尼的《戰爭藝術》是一本「闡述獲勝之道的工具書」，那麼克勞塞維茨的《戰爭論》就是一本「考察戰爭為何物，卻尚未完成的哲學書」。

戰爭不過是延續政策的另一種手段

克勞塞維茨在《戰爭論》開頭的第一篇第一章定義了戰爭，定義的內容是「戰爭就是為了讓對手服從我方意志的暴力行為」※1。

前一課提到了美國海軍陸戰隊的Doctrine文件MCDP1「Warfighting」，而這份文件也於開頭的「戰爭的定義」提到「戰爭的本質就是兩個敵對且獨立的意志為了讓對方屈服而產生的激烈鬥爭，因此戰爭是一種互相作用的社會行為」※2（這段內容的後半段也參考了克勞塞維茨的「與敵軍的相互作用」的相關思想）。換言之，現代的美國海軍陸戰隊對戰爭的看法與克勞塞維茨雷同。

此外，克勞塞維茨也曾說過「戰爭不過是延續政策的另一種手段」，意思是戰爭只是達成政治目的的手段。

這種軍事服務政治的思想也與現代的「文人政治」不謀而合。所謂的「文人政治」就是由非職業軍人的文人（civilian）政治家統領軍隊，透過政治管理軍隊或是宣戰權的意思。比方說，日本的防衛省、自衛隊的最高負責人是身為文人的防衛大臣，最高指揮官則是從國會議員之中選出的總理大臣，而自衛隊聽從政治家的指揮。除此之外，美國與多數的民主國家都是由政治家指揮軍隊，採行政治高於軍隊的制度。

由此可知，克勞塞維茨的思想對現代軍隊的Doctrine仍有深刻的影響，也與現代軍隊的型態有著異曲同工之處。

※1：克勞塞維茨的名言引自《戰爭論　Reclam版》（日本克勞塞維茨學會譯，中文書名暫譯，芙蓉書房出版，2001年）

※2：引用自北村淳、北村愛子編著《美國海軍陸戰隊的Doctrine》（暫譯，芙蓉書房出版，2009年）。

《戰爭論》

是一本觀察戰爭的

哲學書！

戰爭到底是什麼⋯

正題
無止盡的死鬥
哇
絕對戰爭

反題
國際法
人道
關懷
現實戰爭

合題

導出

原來如此！
因為是哲學書
才這麼難的啊！

書拿反了喲。

近代用兵思想的兩大潮流

戰爭沒有「絕對的原則」

克勞塞維茨主張戰爭是雜糅了各種政治與社會因素的複製現象，所以沒有「絕對的原則」，反觀前述的約米尼則從戰爭排除政治與社會的因素，認為戰爭有「不變的原則」。戰爭是否有「不變的原則」或沒有「絕對的原則」這兩種想法，也成為近代用兵思想的兩大潮流。

克勞塞維茨認為戰爭難以理論化的因素有以下三種。

第一種是精神因素。克勞塞維茨認為兵力這些物理因素或戰場地形這類地理因素固然重要，但軍隊的士氣或是國民同仇敵愾的情緒，是更為重要的精神因素。

不過這類精神因素與兵力、槍炮、戰車這類物理因素不同，非常難以量化，即使是現代科技，也很難從外部將士兵的鬥志與士氣轉換成客觀的數值。

第二種是與敵人的交互作用。敵軍會隨著我方的策略調整戰法，我們當然也會根據敵軍的策略採取不同的因應之道，而在互相試探之後，很有可能直接正面對決。

戰爭與物理法則完全不同，不會在接受到特定的動作（輸入資料）就輸出固定的結果，就算我方每次都採取相同的策略，只要敵軍以不同的方式因應，就會產生截然不同的結果。這其實與猜拳非常類似，因為就算我方一直出拳，敵方出剪刀或是布，結果都會不一樣（這種想法也影響了前述MCDP 1「Warfighting」的「戰爭的定義」)。

第三種是資訊的不確定性。不論是現在還是過去，指揮官能親眼確認的戰場，永遠只有周遭極為有限的範圍，比方說，拿破崙戰爭爆發之際，指揮官只能仰賴己方的偵察報告了解遠方的狀況，但負責偵察的斥候有可能會誤判敵情，傳令兵也有可能不夠了解要傳達的事項，而且原本就很難百分之百正確偵察敵情，傳令兵也不一定能抵達目的地。這種戰場上的不確定通常都稱為戰爭迷霧（Fog of war）。

「戰場迷霧」與「摩擦」會消失嗎？

克勞塞維茨認為前述的不確定、士兵的失誤、天候的驟變以及其他難以事先預測的事情或意外都會影響指揮官的決策與部隊的行動，而這些影響都可歸納為「摩擦」這個概念。

比方說，很難在籠罩在迷霧之中的戰場迅速發現敵人，部隊的行軍速度也會被大雨拖慢。只要沒有完全排除難以預測的意外或偶然的影響，再怎麼縝密的作戰計畫也很難一如預期執行。

1990年代，「RMA」（Revolution in Military Affaris，軍事事務革命）這項概念成為主流之後，便有人認為該以各種感測器或資通技術掃除「戰場迷霧」或「摩擦」。

當各類的感測器愈來愈發達，「戰場迷霧」也更容易被看透，但仍未完全消失。即使到了21世紀的現在，人類的精神因素仍難以量化，即使我方每次都採取相同的行動，結果還是有可能隨著敵方的因應方式而改變，敵方也有可能採取我方預料之外的行動，人類仍然會失誤，通訊機器有可能故障，天氣預報也有可能失準。

換言之，就算現代的技術已經遠比克勞塞維茨當時的技術發達，「戰場迷霧」或「摩擦」這些概念仍然適用。

進一步來說，在克勞塞維茨的戰爭觀之中，戰爭充滿了不確定的事情，實際作戰時，一切也不會一如預期，所以縝密的戰前計畫固然重要，但能夠因應意外與偶然的「靈活性」顯得更加重要。

即使在各種感測技術十分發達的現代，仍無法掃除「戰場迷霧」（照片：U.S.ARMY／Spc.Andrew McNeil）

◆「摩擦」──戰爭不一定會如預期發展…

如果依照計畫…

如果戰場出現了「摩擦」

◆資訊傳達有誤
無法與友軍會合！

◆突然下大雨
道路被阻斷！

◆敵人有狙擊手
士兵怕得不敢全速前進。

這麼會這樣…

在戰場會遇到天候驟變、士兵犯錯、
資訊不確定這類難以事先預測的意外或偶然，
而這些意外或偶然
都會影響指揮官的決策與部隊的行動，
引起各種「摩擦」。
「既然作戰計畫再縝密，
也無法排除這些難以預測的意外與偶然，
戰爭就不可能一如預期地發展」
──以上就是克勞塞維茨的戰爭觀。

戰爭難以理論化的三大因素

精神因素
屬於精神因素的鬥志、士氣與戰車、槍炮、兵力不同，是難以量化的因素！
就算武器精良、兵力充沛也一樣。

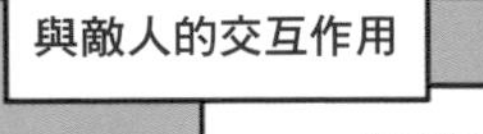

與敵人的交互作用

戰爭不是物理法則，不會在接受到特定的動作（輸入資料）就輸出固定的結果。結果往往會隨著敵方的因應方式而改變。

資訊的不確定性
不可能掌握戰場上的所有資訊，而且手上的資訊也充滿了不確定性！
資訊傳遞的落差
沙沙沙
喂喂？
偵察兵的誤判
那是敵人…嗎？
有可能會遇到伏兵
戰場上的不確定因素通常稱為「戰場迷霧」！

約米尼認為戰爭有「不變的原則」，克勞塞維茨則認為戰爭沒有「絕對的原則」。
絕對沒有！
絕對有！
雙方的思想可說是近代用兵思想的兩大潮流喲。

■第2課總結

①約米尼主張「戰爭有『不變的原則』」。以現代英語區國家的軍隊為例，Doctrine文件的「戰爭原則」都參考了約米尼的主張。

②與約米尼持反對意見的克勞塞維茨認為「戰爭是非常複雜的現象，沒有『絕對的原則』」，也認為「戰爭是達成政治目的的手段之一」，這項概念與現代的「文人政治」有著共通之處。

③克勞塞維茨認為戰場充滿了不確定性（戰爭迷霧），士兵的失誤、天候驟變以及其他難以事先預測的意外與偶然，都會對指揮官的決策與部隊的行動造成影響，而這些影響都可歸納為「摩擦」這項概念。

④「戰爭迷霧」或「摩擦」這些概念在現代仍然適用。

第3課

毛奇與任務戰術

促成德意志統一的功臣 老毛奇

毛奇這位普魯士陸軍參謀總長曾於19世紀中葉指揮德意志統一戰爭，被喻為促成德意志統一的功臣。
其實我原本是想當歷史老師的…
他非常喜歡讀書與聽音樂，而且精通七國語言。

在當時，歐洲的人口大幅增加，鐵路、電信這類技術也問世，所以可迅速動員大規模的兵力。
時代改變了！
隨著可動員的兵力增加，戰爭的規模也跟著擴大。普魯士以及毛奇改革了軍隊的編制與作戰方式，也因此大幅改變了戰爭的歷史。

毛奇參謀總長與德意志統一戰爭

若要了解近代的用兵思想，就絕對不能不提赫爾穆特・卡爾・貝恩哈特・馮・毛奇（1800～91年）這位重要的用兵思想家。他曾在19世紀中葉擔任普魯士王國的陸軍參謀總長與指揮德意志統一戰爭（1864～71年）※1，成為德意志統一的功臣。為了與日後同樣成為參謀總長的侄子赫爾穆特・約翰內斯・路德維希・馮・毛奇區分，便將他稱為「老毛奇」(侄子則稱為「小毛奇」)。

生於破落貴族家庭的毛奇原本是個「精通七國語言，卻沉默寡言的男人」，與勇猛的軍人形象相去甚遠，甚至在成為軍人很久之後提過「原本想成為一名歷史學家」。

這位毛奇的用兵思想對後世的作戰方式與現代的主要軍隊造成了深刻的影響。比方說，他為普魯士軍隊引進了由參謀本部擬定作戰計畫的手法，在德意志統一戰爭結束後，成為各國主要軍隊紛紛仿效的對象。此外，現代的美國陸軍與美國海軍陸戰隊也繼承了由他正式採用的「任務戰術」。

因此第3課要透過毛奇參謀總長在德意志統一戰爭創造的成果，說明擬定作戰計畫的參謀本部以及「任務戰術」。

普魯士軍隊進行改革的開端

在毛奇參謀總長登場之前，普魯士軍隊曾於19世紀初的拿破崙戰爭（1803～15年）的「耶拿奧爾施泰特會戰」(1807年)，被拿破崙的軍隊徹底擊潰，也差點在後續的追擊戰被殲滅，甚至連首都柏林都被法軍占領，最終只能簽下倍受屈辱的議和條約。

遭受前述毀滅性打擊的普魯士王國建立了軍制改革委員會之後，由委員長格哈德・馮・沙恩霍斯特（1755～1813年）與委員奧古斯特・馮・格奈森瑙（1760～1831年）一同改革軍隊的編制。

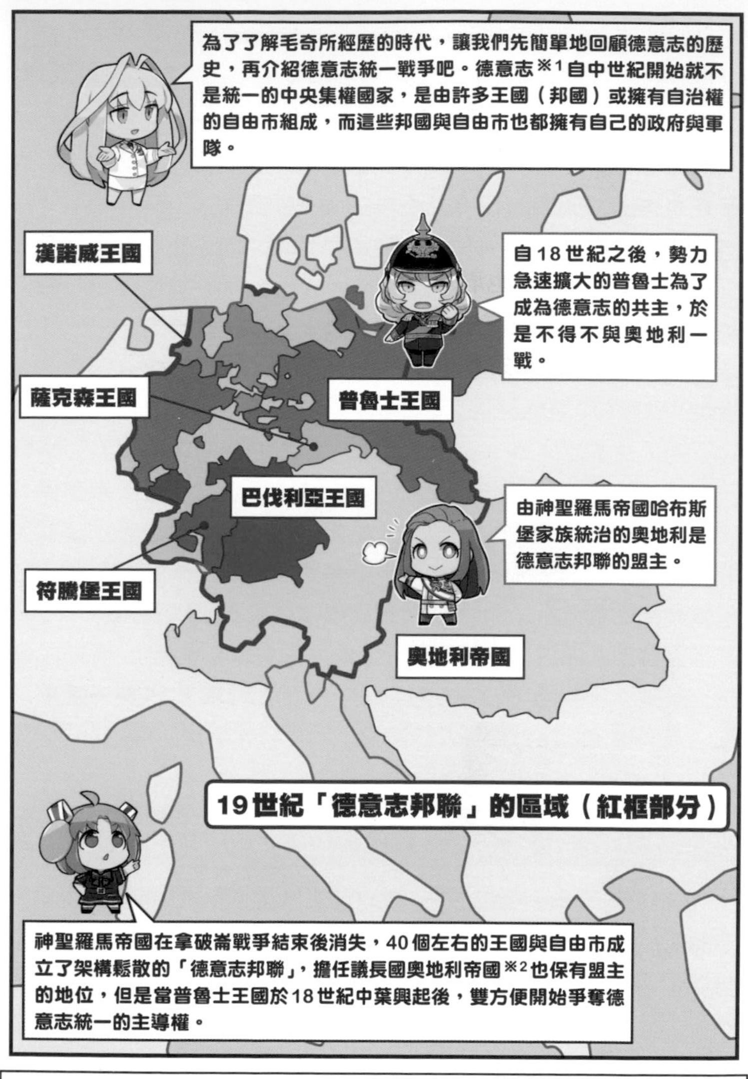

為了了解毛奇所經歷的時代，讓我們先簡單地回顧德意志的歷史，再介紹德意志統一戰爭吧。德意志※1自中世紀開始就不是統一的中央集權國家，是由許多王國（邦國）或擁有自治權的自由市組成，而這些邦國與自由市也都擁有自己的政府與軍隊。
漢諾威王國
自18世紀之後，勢力急速擴大的普魯士為了成為德意志的共主，於是不得不與奧地利一戰。
薩克森王國
普魯士王國
巴伐利亞王國
由神聖羅馬帝國哈布斯堡家族統治的奧地利是德意志邦聯的盟主。
符騰堡王國
奧地利帝國
19世紀「德意志邦聯」的區域（紅框部分）
神聖羅馬帝國在拿破崙戰爭結束後消失，40個左右的王國與自由市成立了架構鬆散的「德意志邦聯」，擔任議長國奧地利帝國※2也保有盟主的地位，但是當普魯士王國於18世紀中葉興起後，雙方便開始爭奪德意志統一的主導權。

※1：在中世紀的時候，「神聖羅馬帝國」擁有非常大的版圖，其範圍相當於現代的德國、奧地利、捷克、波蘭的局部區域、北義大利、比利時、荷蘭，而且從15世紀開始，神聖羅馬帝國的皇位就由哈布斯堡家族世襲。

※2：神聖羅馬帝國是於1806年，奧地利敗給拿破崙之後消失，哈布斯堡家族則自稱奧地利皇帝。雖然都自稱「皇帝」，但神聖羅馬帝國皇帝的權威高於德意志諸侯，而奧地利皇帝的地位卻於其他諸侯相近。

具體的改革措施包含軍官不再只是來自血統純正的貴族，也可以從具有一定教育水準的平民（布爾喬亞、中產階級）徵召。此外，也廢止了為貴族子弟設立的軍事學院（Academy Military），並設立了重視科學教育的士官學校與陸軍大學。簡單來說，普魯士軍隊希望在經過這番改革之後，能以受過教育的凡人所組成的「組織」與拿破崙這位猶如天才的「個人」對抗。

此外，普魯士王國也增設了陸軍部（原本稱為軍務局）。這個陸軍部由軍事總務局與軍事主計局組成，而軍事總務局的第二部則在日後負責擬定陸軍的基本路線，也發展成陸軍參謀本部。

後續的戰爭則由接受過教育的凡人所組成的「組織」決定勝負！
之前的戰爭都由天縱英明的「個人」一決勝負。
是毛奇將一名英雄就能決定戰爭勝負的時代，帶往透過「教育與組織」贏得戰爭的時代。

工業革命與戰爭規模的擴大

早在拿破崙戰爭爆發之前的18世紀後半，英國就出現了所謂的「工業革命」，整個社會結構也開始大幅轉型。工業革命剛開始的時候，製棉工業、煤炭業、鐵工業採用了紡織機以及以煤炭為燃料的蒸氣機或其他機器，打造了機械化的工廠。當愈來愈多大規模的機械化工廠集中於一處，便形成所謂的工業都市，這些工業都市也不斷地工業化與都市化，最後整個社會便因此變貌，人們的生活也產生了巨變。這股工業化浪潮在拿破崙戰爭結束後的19世紀前期席捲了法國、德意志、美國、俄羅斯與日本。在這波工業革命的浪潮之下，有許多新技術出現，例如鐵道或電信的技術都有了長足的改進，而這些創新成果後續也應用於戰場。

除了工業革命之外，同時期也發生了大幅提升農業生產力的「農業革命」，在醫療技術也跟著改善的情況之下（比方說，將天然痘接種在人體身上的「種痘法」普及），主要各國的人口也便跟著大幅增加，這些國家可動員的兵力也跟著激增。德意志統一戰爭的普魯士軍隊在第二次什勒斯維希戰爭的兵力為6萬5000人，在2年後的普奧戰爭增至28萬人以上，接著又在4年後的普法戰爭增至80萬人以上，短短7年，兵力就增加了12倍之多（詳細的數字未有定論）。

由於可動員的兵力大幅增加，戰場的範圍也跟著增加，戰爭的規模也急速放大。

毛奇參謀總長出現之前的普魯士軍隊

接著讓我們一起回溯毛奇擔任參謀總長之前的戰爭，了解普魯士軍隊的動員體制吧。

堪稱德意志統一戰爭前哨戰的第一次什勒斯維希戰爭（1848～52年）是於丹麥王國與普魯士王國、相關各國之間爆發的戰爭，而戰爭爆發的原因在於什勒斯維希公國與霍爾斯坦公國的歸屬問題（什勒斯維希－霍爾斯坦問題※2）。這兩個公國位於北海與波羅的海之間的日德蘭半島的根部區域，戰爭結束後，丹麥王國仍得以繼續統治這兩大地區。

在戰爭進入白熱化之際，普魯士與奧地利帝國之間的情勢陷入緊繃，普魯士王國曾為了恫嚇奧地利，動員了49萬名的士兵進行軍事演習。

不過當時的普魯士軍隊沒有負責擬定動員計畫與開進計畫的組織（「開進」是指在戰爭爆發之前，集結兵力的意思，若以白話文來說，就是「作戰準備」）。參謀本部也沒有專司這類計畫的部門。當時的參謀本部比較像是某種教育研究機構，專門研究過去的戰史與繪製地圖※3。雖然參謀本部也會擬定作戰計畫，卻幾乎沒有兵力與集結地點的具體記錄。

此外，當時的動員令從軍令的布達就開始出問題。負責動員的是陸軍部，動員令是由郵局或地方官吏騎馬傳令，因此有些軍官甚至是在動員令發布之後的五天才接到命令。

當時部隊的移動方式相當倚賴鐵路運輸，所以行軍訓練比現役軍人還不完備的預備軍人也能透過鐵路運輸，逃兵的機率跟著大幅降低。不過，這類透過鐵路運送兵力的業務是由管轄鐵路的商工部負責，靠的是現有的設施與人力執行，陸軍沒有另設專司這項業務的軍官。

只不過商工部也沒有運輸兵力的具體計畫，只利用一般的班次載運兵力，所以集結兵力的進度非常緩慢，這導致移動中的部隊常遇到軍糧、飲水不足的問題，也遇到廁所或是其他衛生設備不足的問題。此外，士兵或軍資在各部隊的出發站會與一般的乘客或貨物一起上車，同部隊的士兵與裝備常由不同的車廂載運，往返於車站與車站之間的兵力載運作業也沒有事先擬定任何計畫，所以部隊往往會被拆散。

如此混亂的兵力載運作業導致普魯士軍光是動員兵力，就得耗

第1課
第2課
第3課
第4課
第5課
第6課

費兩個月之久。換言之，當時的普魯士軍沒有足以擴大動員規模的動員計畫，就算有這項計畫，也缺乏妥善執行計畫的能力。

毛奇參謀總長的改革

第一次什勒斯維希戰爭結束後的1857年，毛奇因為前任參謀總長猝逝而坐上參謀總長的位子（正確來說，是於1857年代行參謀總長一職，隔年1858年才正式擔任參謀總長）。

上任的毛奇在1858年至1859年這段期間重組參謀本部，也與商工部達成協議，增設了負責調整鐵路運輸班次的鐵道班，也建議增設由參謀本部與鐵路相關人士一同負責的常設委員會，同時要求陸軍部為每個軍團增設多條通往西方的鐵路。其實毛奇在擔任參謀總長之前，就曾於1841年擔任柏林－漢堡鐵路的理事，因此擁有豐富的鐵路知識。

為了方便軍隊在下車之後能依照作戰計畫行軍，毛奇也特別規畫了軍隊的鐵路運輸計畫。具體來說，就是讓一個戰時編制的步兵大隊與騎兵、砲兵這兩個中隊搭乘相同的列車。如此一來，部隊就不需要轉搭其他的列車，列車也不用長時間靠站。此外，毛奇還透過電信技術布達動員令，上述這些改革也讓軍隊能於這兩個分野（鐵路運輸與通信）擁有絕對優先的權利。

應用鐵路、電信這些工業革命的成果讓動員令的布達時間從傳統的5天縮短至24小時之內，而在1859年進行動員演練時，軍隊在短短29天之內就集結完成，這速度比過去快上一倍。換言之，可迅速動員與完成編制的普魯士軍隊能在「開戰之後，一口氣投入遠勝於敵軍的兵力」。

不過，要能如此迅速動員與完成軍隊的編制，必須搭配縝密的鐵路班次規劃、動員計畫與開進計畫，還必須擬定執行相關事宜的作戰計畫，所以負責擬定作戰計畫的參謀本部也因此變成非常重要的組織。

第二次什勒斯維希戰爭與參謀總長的權限擴大

毛奇正式擔任參謀總長5年多之後的1864年，爆發了第二次什勒斯維希戰爭，這次與第一次什勒斯維希戰爭一樣，也是丹麥與普魯士以及相關各國之間的戰爭，造成衝突的導火線一樣是什勒斯維希－霍爾斯坦問題。

其實在戰爭爆發之前的1862年，毛奇就從陸軍部長阿爾布雷希特・馮・羅恩得知即將與丹麥開戰的訊息，也回覆了下列內容的備忘錄。

「沒有強力的艦隊，無法直攻丹麥首都哥本哈根，所以丹麥軍若是在什勒斯維希－霍爾斯坦的國境達嫩貝格布陣，就以包圍戰的方式殲滅」、「如果敵軍後撤至堅固的都貝爾碉堡，要攻下此處碉堡將會付出慘痛的代價，此時轉攻位於日德蘭半島北部的丹麥本土，逼使丹麥軍隊投降，才是上上之策」。

1863年，與丹麥開戰之前，參謀本部的戰史課也研究了第一次什勒斯維希戰爭。同年，參謀本部演習也準備了以鐵路集結普魯士北部軍隊的命令與時刻表。

1864年2月1日，普魯士軍的弗雷德裏希・馮・弗蘭格爾元帥率領的普魯士與奧地利的聯軍在宣戰之後，便朝什勒斯維希進攻，第二次什勒斯維希戰爭掀開序幕。但是普魯士與奧地利的聯軍未能順利殲滅丹麥的主力部隊，眼睜睜地看著丹麥的主力部隊撤退至都貝爾碉堡。

遠在柏林參謀本部的毛奇雖然反對強攻如此堅固的碉堡，但當時的參謀總長沒有直接指揮作戰的權力，也沒有直接取得前線狀況的正式管道，所以毛奇只能透過人在前線的第三軍團參謀長的私人信件了解戰況。同年3月底，毛奇應陸軍部長羅恩要求，表述了對作戰的意見，但4月18日，由弗蘭格爾元帥率領的聯軍便開始對都貝爾碉堡發動總攻擊，最終付出了一千多名兵力才總算攻下這座碉堡。

4月底，普魯士國王威廉一世命令毛奇擔任普魯士奧地利聯軍的參謀長，5月則由侄子腓特烈卡爾親王擔任司令官。之後，普魯士軍隊就在毛奇的指揮之下，與奧地利軍隊聯手擊敗丹麥軍隊，順利拿下日德蘭北島的北端，被逼入絕境的丹麥只好請求議和。於同年10月簽訂的維也納和約規定，什勒斯維希－霍爾斯坦這個地區由普魯士與奧地利共同治理，接著於隔年1865年簽訂的「加斯泰因條約」則規定普魯士治理什勒斯維希，奧地利治理霍爾斯坦。

自此之後，普魯士王國御前會議若需要討論軍事議題，參謀總長都能與會參加，參謀總長與參謀本部的影響力也因此水漲船高，在後續的戰爭也繼續扮演重要的角色。

※1：德國統一戰爭為下列3次戰爭的總稱，分別是第二次什勒斯維希戰爭（1864年）、普奧戰爭（1866年）與普法戰爭（1870～71年）。

※2：什勒斯維希公國與霍爾斯坦公國原本都由丹麥王國治理，但隨著境內說德語的居民增加，以及民族意識高漲，愈來愈多居民排斥被丹麥統治，也逐漸朝德意志靠攏。

※3：當時仍是參謀本部成員的毛奇也在腓特烈二世（1712～86，普魯士國王、日後的腓特烈大帝）旗下研究戰史與製作地圖。

普魯士參謀本部
並非一開始就負責擬定國家的作戰計畫，
是在不斷累積實際成績與擴大權限之下，
才得以擬定作戰計畫。
參謀本部一開始只負責研究戰史與繪製地圖。
實績
權限
實績
1858年，參謀本部增設了鐵道班，也成為擬定動員計畫的組織，重要性水漲船高。
軍隊動員與編制
之所以如此神速，
全賴縝密的鐵路班次計畫。
參謀總長在第二次什勒斯維希戰爭之後，得以出席御前會議。
最終，參謀總長獲得了
「帷幄上奏權」，成為可直接
上奏皇帝陛下的重要職位。

※：帷幄上奏權（軍方的統帥直接上奏皇帝的權力）於1883年通過，軍方也因此能透過這項權力影響政治與外交。

任務戰術

普奧戰爭爆發——內線作戰與外線作戰

話說回來，在軍事的世界裡，讓多支友軍位於後方聯絡線的外側，藉此夾擊內側敵軍的作戰方式稱為「外線作戰」。反之，讓友軍位於後方聯絡線內側，藉此與外側的敵軍角力的狀態則稱為「內線作戰」。

「外線作戰」的優點在於可從不同的方向攻擊敵軍，但困難之處在於要協調多支友軍的進攻方式，協調失敗就無法形成分進合擊之勢；而「內線作戰」的優點則是可在被多支敵軍包圍之際，將己方軍力集中於一點，藉此在敵軍的包圍之下短距離快速移動與擊敗分散的敵軍。

第2課介紹的約米尼非常欣賞將軍隊集中於一點，從「內側」擊敗分散於「外側」的多支敵軍的作戰方式。約米尼主張的基本原則也提到「我軍必須具備以主力對抗敵軍次要部隊的機動性」，因此會欣賞內線作戰也是理所當然的。在約米尼如此主張之後，大部分的人都認為內線作戰比外線作戰更有優勢。

不過，毛奇認為透過鐵路快速運輸部隊，就能瓦解內線作戰較具優勢的迷思，之後也於普奧戰爭驗證了他的想法。

於1866年爆發的普奧戰爭是普魯士與奧地利以及相關各國的戰爭，而統一德意志的主導權則是這場戰爭的導火線。普奧戰爭爆發之際，毛奇讓普魯士主力的東部第1軍、第2軍以及易北軍團（總數約25萬4000人）於奧地利西北的波希米亞（現為捷克境內）的「外線」，也就是距離約500公里的大範圍布陣，再一步步朝內側的中心點進攻。

此時的普魯士利用五條鐵路進攻，但奧地利卻連一條鐵路都沒有，所以盡管奧地利先行動員，普魯士軍隊還是率先組成了軍隊。

◆內線作戰 ——卡斯蒂廖內戰役（1796年）

約5km
這是拿破崙於義大利進行的戰役之一。奧地利大軍為了殲滅拿破崙的軍隊，刻意兵分兩路，南下包圍加爾達湖以北的曼切華堡壘。
奧地利軍隊
武卡索維奇
18000
奧地利軍隊
武姆澤
24000
法軍
拿破崙
46000
奧地利軍隊
曼切華堡壘
14000
內線作戰在拿破崙戰爭時代的優勢在於「趁著敵軍集結之前發動攻擊」這點，可在敵軍的部隊集結完畢之前，就利用內線作戰的高機動性擊敗分散的敵軍。

◆外線作戰 ——普奧戰爭 波希米亞戰役（1866年）

戰爭規模在毛奇的時代擴大之後，
毛奇利用鐵路在奧地利邊界配置了3支軍隊，
從奧地利軍隊的正面、側面與背後，
以合圍之勢進攻。這就是所謂的外線作戰。

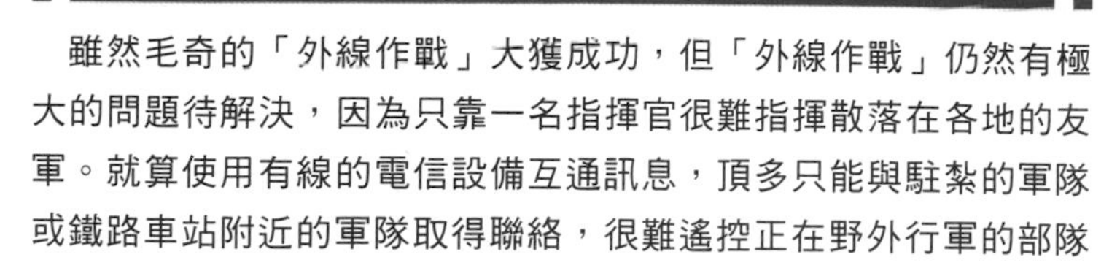

任務戰術的採用

雖然毛奇的「外線作戰」大獲成功，但「外線作戰」仍然有極大的問題待解決，因為只靠一名指揮官很難指揮散落在各地的友軍。就算使用有線的電信設備互通訊息，頂多只能與駐紮的軍隊或鐵路車站附近的軍隊取得聯絡，很難遙控正在野外行軍的部隊（當時還沒有無線電這種技術）。

為了解決這個問題，毛奇採用了「任務戰術」（Auftragstaktik，英語譯為「Mission Command」）。具體來說，就是上級指揮官為了達成整體的「企圖」，只要求下級指揮官達成某個「目標」的戰術。

下級指揮官在接收到命令之後，可根據上級指揮官的「企圖」，自行決定達成「目標」的「方法」。換言之，下級指揮官在作戰之際，擁有一定的決策權。其實普魯士軍隊的參謀本部在擬定作戰計畫時，詳細規劃的就只有從動員到開進的部分，其他的作戰計畫並沒有縝密得像鐵路班次表那樣。

換言之，毛奇選擇的戰術是讓各級指揮官自行決定作戰方式的「分權指揮」，而非由一名最高指揮官對各級指揮官下達具體命令的「集權指揮」。這種「分權指揮」的具體實施方式就是「任務戰術」。

其實自古以來，普魯士／德意志的軍隊都有尊重指揮官自主性的軍事文化（Culture）。以腓特烈大帝為例，他就曾在自己的著作提到，他要求高級指揮官能自行採取行動，因此任務戰術也蘊藏了普魯士／德意志的軍事文化。

不過，當部下無法達成「目標」或是做出超越權限的決策，毛奇便會下達嚴格的命令與接管部隊。以普奧戰爭為例，被任命為西側主力軍隊司令官的沃格爾馮法爾肯斯坦將軍就曾被命令攻擊奧地利友軍漢諾瓦王國與黑森選侯國（Hessen-Kassel）」，讓這兩支敵軍無法繼續作戰，也被命令牽制巴伐利亞王國。

但是普魯士首相奧托·馮·俾斯麥未與陸軍部長羅恩以及毛奇參謀總長聯絡，就以電報暗示沃格爾·馮·法爾肯斯坦將軍進攻德國聯邦議會所在之地的法蘭克福，導致漢諾瓦軍隊有機會南下與巴伐利亞軍隊或奧地利軍隊會合，所以毛奇也在此時擲下嚴令，要求沃格爾·馮·法爾肯斯坦將軍回頭執行最初的任務。

Doctrine文件的起草

容我重申一次，所謂的「任務戰術」是指下級指揮官可在上級指揮官擬定的「企圖」的範圍之內，自行決定與實施達成「目標」的「方法」。

但是將權限下放給各級指揮官，導致各部隊如多頭馬車行動時，就難以發揮整體的力量，所以，要讓各部隊得以配合彼此的行動，就少不了「Doctrine」這個文件，也就是各級指揮官奉為圭臬的「軍事行動準則」，這也是全世界的軍隊少不了Doctrine文件的理由。各級指揮官可依照Doctrine的內容規劃轄下部隊的行動。

普魯士在贏得普奧戰爭之後成為德意志邦聯的盟主，毛奇也為了讓普魯士軍隊與未來有可能併肩作戰的德意志邦聯各軍擁有共通的「軍事行動準則」，而撰寫了《給高級指揮官的教令》（1869年，Aus den Verordnungen für die höheren Truppenführe），等同於現代的「Doctrine文件」。

換句話說，毛奇讓尊重指揮官自主性的普魯士／德意志軍事文化成為白紙黑字的規定，也於軍隊導入「Doctrine」文件。

在「戰場迷霧」減少「摩擦」的任務戰術

接著為大家整理毛奇採用「任務戰術」的緣由。

在克勞塞維茨的戰爭觀之中，戰場充滿了不確定的因素，而這些因素又被稱為「戰場迷霧」，所以就算作戰計畫再怎麼縝密，也會在執行之際產生各種「摩擦」。

因此毛奇認為由最高指揮官自行預測戰場的所有情況，再擬定完美的計畫是非常困難的事，也認為很難在這種情況下，對各級指揮官迅速下達正確的命令，所以他認為要讓各部隊快速因應預料之外的狀況，就有必要讓各級指揮官擁有一定的權限。其證據之一就是前述的《給高級指揮官的教令》提及了「應該只下達必要的命令與避免在不透明的情況下擬定計畫」的內容，之所以會有如此主張，在於「當高級指揮官的命令與預測的情況以及戰場的現況不符時，下級指揮官將懷疑上級指揮官的命令，部隊也會因此難以推進」。

簡單來說，採取「任務戰術」這種指揮模式的用意在於減少於「戰場迷霧」所產生的「摩擦」。由於現代的戰場仍有「戰場迷霧」與「摩擦」，所以「分權指揮」依舊是可行的指揮方式之一。證據之一就是美國陸軍仍然重視「任務戰術」（Mission Command）這個遂行「分權指揮」的手法，將貫徹這項手法視為重要的課題。

命令統制（集權指揮）與任務戰術（分權指揮）

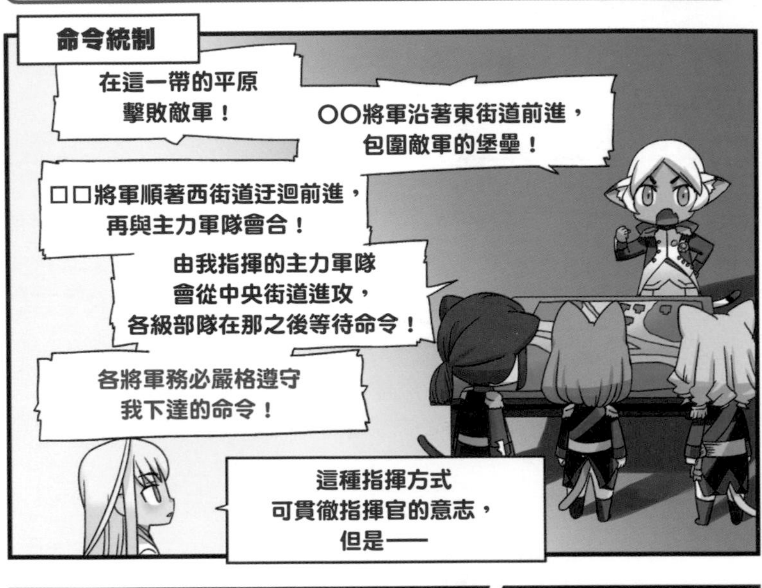

命令統制
在這一帶的平原
擊敗敵軍！
〇〇將軍沿著東街道前進，
包圍敵軍的堡壘！
□□將軍順著西街道迂迴前進，
再與主力軍隊會合！
由我指揮的主力軍隊
會從中央街道進攻，
各級部隊在那之後等待命令！
各將軍務必嚴格遵守
我下達的命令！
這種指揮方式
可貫徹指揮官的意志，
但是──

出現伏兵？該怎麼辦？
只能等待主帥的命令！
傳遞命令需要很久的時間
主力
這種指揮方式難以因應意外＝「摩擦」，
不適用於隨著戰爭規模擴大而更形分散
的大部隊。

※：在此為大家介紹集權指揮的具體實例「命令統制」。

任務戰術
整體企圖
在這一帶平原擊潰敵軍！
應遂行的目標
〇〇將軍包圍敵人的堡壘！
委任
方法由你自己決定！
企圖與目標——這就是「訓令」！
下級指揮官可在整體的企圖之內決定作戰方式。

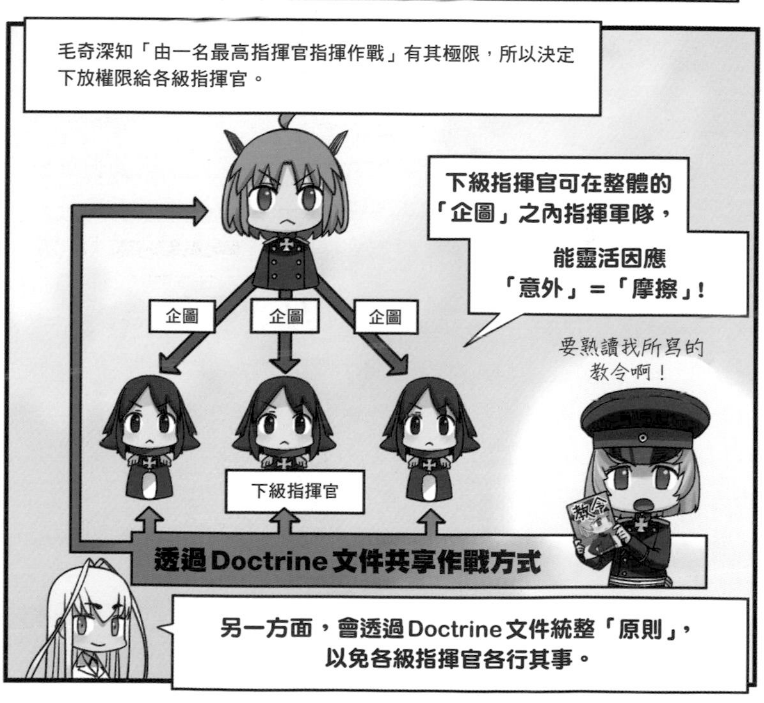
毛奇深知「由一名最高指揮官指揮作戰」有其極限，所以決定下放權限給各級指揮官。
下級指揮官可在整體的「企圖」之內指揮軍隊，能靈活因應「意外」＝「摩擦」！
企圖
企圖
企圖
要熟讀我所寫的教令啊！
下級指揮官
透過Doctrine文件共享作戰方式
另一方面，會透過Doctrine文件統整「原則」，以免各級指揮官各行其事。

第1課
第2課
第3課
第4課
第5課
第6課

德意志統一

克尼格雷茨戰役

接著讓我們把話題拉回於1866年6月14日爆發的普奧戰爭。

在戰爭的第一回合接連敗北的奧地利北部軍司令官路德維希·馮·貝內德克元帥於7月1日，向奧地利皇帝弗朗茨約瑟夫一世發出了下列的電報。

「請願早日講和。軍隊的毀滅將無可避免。」

奧地利軍隊自第二次義大利獨立戰爭（1859年）的教訓之後，便十分重視近距離作戰，步兵也在普魯士軍隊的強大火網之下，遭受前所未有的毀滅。不過，北部軍的主力仍在集結，還能繼續作戰，所以皇帝在回電之中，要求繼續與普魯士作戰。

「不可能議和。若軍隊的毀滅無可避免，便下令部隊有秩序撤退。能否繼續作戰？」

如此一來，被迫與普魯士軍隊作戰的貝內德克元帥只好在位波希米亞的都市克尼格雷茨（現於捷克境內）西北的薩多瓦高地布陣，因此這場戰役也在日後被稱為「克尼格雷茨戰役」或「薩多瓦會戰」。

7月3日早上，普魯士東部軍中央第1軍與右翼的易北軍團開始攻擊奧地利軍隊。尚未整備完成的奧地利軍隊雖一度被普魯士第1軍奪走了薩多瓦附近的斯韋爾普森林，但是在正面的第3軍團與右翼局部的第4、第2軍團助勢之下，於接近中午時分奪回斯韋爾普森林，也成功阻擋普魯士易北軍團來自左翼的攻勢。

令人意外的是，從北方窪地進攻的普魯士第2軍突然從霧中出現，並從下午3點左右全面攻擊奧地利軍隊的右翼。

奧地利軍隊被兩側夾擊陷入困境之後，貝內德克元帥不得不下令撤退，但此時已損失了約4萬4000名士兵，奧地利軍隊也無力

◆於火力占有優勢的普魯士軍隊

在說明普奧戰爭之際，必須介紹一下普魯士軍隊與奧地利軍隊的主力槍械。

在步槍方面，普魯士軍隊自德意志統一戰爭之後，就採用1841年，由約翰・尼古拉斯・馮・德雷賽發明的「德雷賽針發槍（也就是德雷賽1841型輕型雷管步槍，俗稱點火針式步槍）。這種德雷賽針發槍採用的是紙筒式彈殼，而且是從槍身後方裝填子彈的後填式步槍，所以士兵可於趴臥的姿勢迅速裝填子彈。

反觀，奧地利軍隊使用的「羅倫茲步槍」（羅倫茲M1854）則與拿破崙時代作為主力的毛瑟槍一樣，是從槍口裝填彈藥的前填式步槍。由於士兵必須站著裝填子彈，所以裝填子彈的時間是德雷賽針發槍的數倍之多，而且德雷賽針發槍的射程還比較遠※1，因此普魯士軍隊在子彈的發射速度上，遠勝於奧地利軍隊。

在大砲方面，也是普魯士軍隊較占優勢。普魯士軍隊的各砲兵連隊都有16個中隊，而就平均來看，幾乎各砲兵連隊的10個中隊都配備了方便裝填的後填式大砲；反觀奧地利軍隊則是以從砲口裝填火藥與砲彈的前填式大砲為主力。此外，普魯士軍隊配備的是在強韌的鋼製砲管設計了膛線※2，藉此提升命中率的來福砲，奧地利軍隊卻還是以沒有膛線的青銅砲管的滑膛砲作為主力。

所以不管是在步兵還是砲兵的火力上，普魯士軍隊都占有優勢。

※1：最早出現的後填式步槍「德雷賽針發槍」是從槍身後方裝填子彈，所以槍身後端的構造較為脆弱（相較於前填式步槍），無法承受強大的腔壓（發射時的壓力），彈藥粉（讓子彈射出去的火藥）的分量因此受限，射程也較短。

※2：來福線（又稱膛線）就是刻在槍管之中的螺旋溝槽，可讓子彈邊旋轉，邊直直往前飛。

再戰（普魯士軍隊的損失約為9000人）。

此次大敗讓奧地利無意再戰，也於7月26日簽訂臨時的和平條約，普奧戰爭就此結束。接著又於8月23日簽訂了正式條約的「布拉格條約」，什勒斯維希公國、霍爾斯坦公國、漢諾瓦王國、黑森選侯國全被併入普魯士。隔年1867年4月，在普魯士的主導之下，由國王威廉一世為首長的北德意志邦聯成立，這就是日後德意志帝國的雛型。

普魯士搬開阻擋德意志統一的大石頭之後，於外線作戰大獲成功的毛奇也因此聲名大噪。

普法戰爭與德意志統一

法國與普魯士、德意志邦聯之間的普法戰爭是於1870年7月19日法國宣戰之後爆發。一般認為，普法戰爭的導火線是法國與普魯士對於西班牙王位的繼承權有歧見，以及普魯士對法國發動帶有挑釁意味的外交，但實情是普魯士首相俾斯麥為了高舉德意志境內的民族主義，藉此統一德意志，才不斷挑釁法國。

如願開戰的普魯士軍隊利用6條鐵路運輸部隊，南德意志邦聯的友軍則利用3條鐵路支線運輸部隊，最終短短18天就將10個軍團、總計42萬6000人的兵力送至前線。普魯士主力軍隊的第1、第2、第3軍在具有充分自主權的情況下，於國境附近的魏森堡與沃特一帶擊敗法軍，8月18日又於麥茨堡壘包圍由弗朗索瓦・阿希爾・巴贊元帥率領的19萬名法軍。

對此，法國皇帝拿破崙三世（拿破崙的侄子）從沃特出發，與撤退中的麥克馬洪元帥率領的12萬名士兵會合，趕往麥茨堡壘救援，卻被普魯士第3軍攔截，不得不退至比利時國境附近的色當，普魯士軍則進一步包圍法軍，將法軍逼入不得不議和的困境，還成功擄獲敵國的元首，就此拿下這場戰的勝利（麥茨堡壘這邊也於10月23日投降）。

見識到普魯士參謀本部擬定的作戰計畫之後，各國紛紛仿效，設立了參謀本部，也由參謀本部擬定作戰計畫。

1871年1月18日，持續抵抗※1的巴黎在長期被普魯士軍隊包圍之下投降，北德意志邦聯、巴伐利亞王國、符騰堡王國、巴登大公國、黑森大公國於凡爾賽宮組成德意志帝國，北德意志邦聯首長普魯士國王威廉一世也成為第一任的德意志皇帝。由此可知，普魯士因為毛奇設立了參謀本部以及採用了任務戰術，才得以完成統一德意志的霸業。

※1：拿破崙三世被擄後，戰爭並未立刻結束。國民自衛軍（la Garde nationale）於法國首都巴黎成立了臨時政府（法國國民政府），持續抵抗普魯士軍隊。2月26日簽訂臨時的和平條約之後，巴黎雖於28日開城，但巴黎民眾仍持續抵抗，甚至在3月28日起義，成立世界第一個人民政權「巴黎公社」，不過該政權與接受普魯士軍隊支援的穩健派法國政府軍爆發同族相殘的悲劇事件後滅亡，國民自衛軍則於5月28日停止作戰。

■第3課總結

①擔任普魯士軍參謀總長的毛奇活用了鐵路、電信這類工業革命的成果，讓普魯士軍得以在開戰之後，立刻投入大量兵力，縝密的火車班次表也成為作戰計畫重要的一環，負責擬定作戰計畫的參謀總部也更顯重要。

②毛奇參謀總長贏得德意志統一戰爭之後，成為德意志統一的功臣，也正式採用了下放權限給各級指揮官的「任務戰術」，讓軍隊更加靈活，「戰場迷霧」的「摩擦」也因此減少。

③現代的美國陸軍仍將貫徹「任務戰術（Mission Command）」視為重要課題。

第4課

施里芬計畫的失敗

施里芬——即將爆發的兩線作戰

阿佛列・馮・施里芬
施里芬因夫人早逝
而埋首軍務。
哇——
參謀
明天就是
聖誕節假期了！
這是功課。
咚咚
呀！
而且也要求部下
跟他一樣。

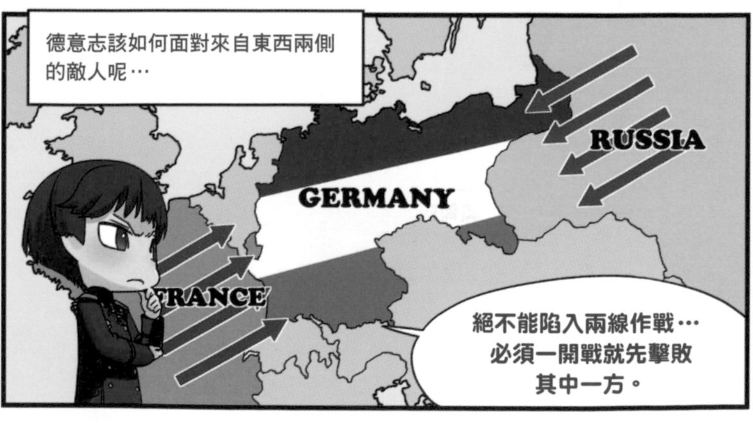

德意志該如何面對來自東西兩側
的敵人呢…
RUSSIA
GERMANY
FRANCE
絕不能陷入兩線作戰…
必須一開戰就先擊敗
其中一方。

德意志與兩線作戰

魯士陸軍的毛奇參謀總長（也就是老毛奇。參考第3課說明）在普魯士完成統一德意志霸業之前，就預測「東方的斯拉夫民族與西方的拉丁民族會聯手對付歐洲中部的日耳曼民族」（從前段時期的19世紀中葉開始，歐洲主要各國的民族意識與民族主義就逐漸高漲）。

等到1871年，德意志統一之後，毛奇與參謀總部就立刻著手擬定縝密的作戰計畫，以便應付東西兩側的敵人進攻。換言之，德意志這個國家在成立之後，立刻準備兩線作戰。※1

有鑑於普法戰爭實質分出勝負之後，人民政權「巴黎公社」仍頑強抵抗、法國在普法戰爭之後加固國境一帶的堡壘，以及俄羅斯軍隊在與土耳其軍隊之間的俄土戰爭（1877～78年）展現了實力這幾點，毛奇認為德意志很難透過短期決戰的方式贏得勝利。

因此，毛奇與參謀總部擬定的德意志作戰計畫也充分反映了這個概念，基本上就是攻守合一的策略。比方說，於1871年擬定的

◆19世紀後半的歐洲

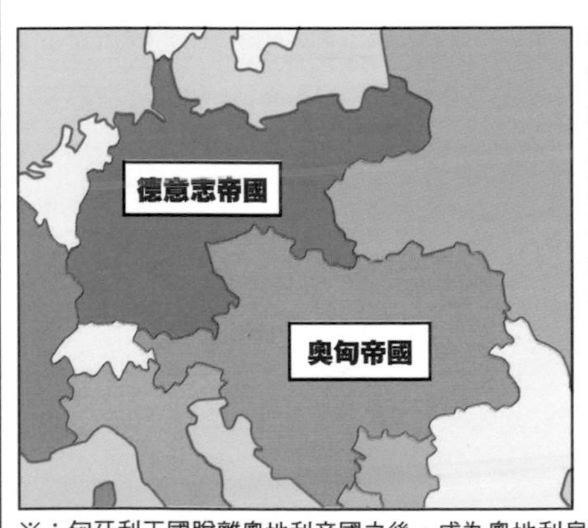

在一系列的德意志統一戰爭結束後，由普魯士一手主導，排斥奧地利帝國的德意志帝國誕生了。奧地利帝國雖然以多民族帝國的形式重新振作，但隨著國內民族自決運動興起，最終轉型為奧匈帝國（雙元帝國※）。

※：匈牙利王國脫離奧地利帝國之後，成為奧地利皇帝兼任匈牙利王國國王的共同君主國家（其實自十六世紀之後，哈布斯堡家族就繼承了匈牙利王國的王位）。

施里芬計畫

施里芬構思的作戰計畫如下 ——
戰爭爆發之後，在敵方（俄羅斯）動員速度較慢的東部戰爭配置最低需求的兵力。
咦？
慢吞吞
慢吞吞
集合—！

另一方面，在西部戰線（與法國對抗的戰線）配置主力部隊，再以強化之後的右翼（北側）包圍巴黎與法軍。
——就是這樣。
前進—！
透過大規模的包圍戰
讓法國快速投降！

作戰計畫就以兩線作戰為前提，並且以法國與俄國為假想敵。毛奇希望在戰爭爆發之後，先朝東西兩側的敵營進攻，讓敵人來不及動員，藉此畫出防線，後續再利用設置於德意志軍隊防線的火砲對發動無謂攻擊的敵人造成重大傷害。簡單來說，毛奇希望在贏得有限的勝利之後，再與敵人坐下來和談，不打算贏得壓倒性的勝利與迫使敵國屈服。

擬定這一連串作戰計畫之後，毛奇在1888年卸下參謀總長一職，並在1890年的最後一次演講之中提出「之後的戰爭將會是七年戰爭或三十年戰爭這類長期戰，既有的社會秩序也將被破壞殆盡」的警告，最後於隔年的1891年辭世。

所謂的七年戰爭（1756～63年）是普魯士與奧地利為了爭奪富庶的西里西亞地區而引起的戰爭，並在捲入當時的歐洲列強之後形成大規模的戰爭，普魯士也在付出慘重的代價之下，得以保有這塊地區的治權。三十年戰爭（1618～48年）的導火線則是神聖羅馬帝國的天主教與新教之間的衝突，周邊大國參戰之後，讓這場戰爭長達30年之久。一般認為，德意志的人口因此減少了一半，甚至減至原本的三分之一。

日後的第一次世界大戰也是為期4年的長期戰，但俄羅斯或德意志原有的社會秩序因為革命而被破壞，則是在第一次世界大戰之後的事。

施里芬計畫

阿佛列．馮．施里芬（1833～1913年）在毛奇辭世之際成為普魯士陸軍的參謀總長，也為了在兩線作戰之際快速贏得全面勝利而擬定了詳盡的作戰計畫。這套作戰計畫就是眾所周知的「施里芬計畫」。

貴族出身的施里芬在伯爵家出身的夫人早逝之後，就埋首於軍務，也嚴格要求部下效法自己，據說他曾要求部下在聖誕節假期思考戰術問題。此外，還有一個關於施里芬的小故事。聽說他與部下去參謀旅行※2的時候，聽到部下對溪谷之美的讚嘆，只說了句：「溪谷無法作為有效的屏障。」由此可知，他的性格與希望成為歷史教授，以及曾留下短篇小說的毛奇恰恰形成對比。

施里芬否定「兩線作戰的德意志軍隊為了逼退敵軍，必須往返於兩側的戰線之間，而在這一來一往之間，己方將逐步陷入劣勢，兵力將逐漸消耗，戰爭也會演變成長期戰」的說法※3，所以希望在戰爭爆發之後，先擊潰其中一方的敵軍。

具體來說，他認為位於東側的俄羅斯因為國土過於遼闊，人口極為分散，鐵路這類基礎建設也不夠完善，徵召軍隊的速度相對較慢，所以在戰爭初期只需要在與俄軍對峙的東部戰線配置最低需求的兵力即可。反之，要將普魯士的主力部隊配置在西部戰線，確保普魯士軍隊能在與法國軍隊作戰之際占得上風。此外，他還進一步強化主力部隊的右翼（北側），以及與中立國的比利時借道，朝法國的北部進攻，藉此讓部隊繞向左側（南方），於巴黎的西側包圍法軍主力部隊的側翼，藉此在德意志與法國的邊境對法國造成壓力，進而迅速殲滅法軍。

※1：當時的德意志帝國由普魯士王國與為數眾多的邦國、自由市組成。其中的巴伐利亞王國、薩克森王國、符騰堡王國都保有僅次於普魯士王國的軍力，也擁有自己的國防部與參謀總部。從這層意思來看，德意志帝國的德意志軍隊可說是這些國家的聯軍。不過，德意志聯軍的參謀總部仍是普魯士軍（德意志軍隊的主力部隊）的參謀總部，也是由這個參謀總部負責規劃德意志聯軍的動員計畫以及作戰方式。

※2：參謀旅行是指勘察國境或其他可能成為戰場的地區，再根據當地的地形、地勢預測戰況以及擬定作戰計畫的旅行，也就是於實地進行參謀教育的旅行。

※3：引用自《現代戰略思想的系譜》（暫譯，Diamond社，1989年，彼得帕雷特編）（防衛大學校「戰爭、戰略的變遷」研究會譯）。這種戰爭的樣貌與七年戰爭之中的普魯士軍隊相似。

施里芬的「錯誤」

施里芬計畫的盲點

乍看之下，基本概念為「透過大規模包圍戰的方式迅速結束戰爭」的施里芬計畫與普法戰爭之際，毛奇包圍麥茨堡壘或色當的作戰方式相去不遠。

不過，毛奇了解戰場充滿了「戰場迷霧」這類不確定的因素，所以知道作戰計畫再怎麼詳盡，也會在執行過程中產生各種「摩擦」，而且他也知道若只有一名最高指揮官，不僅很難事先預測戰場的所有狀況，擬定完美的作戰計畫，也很難因應瞬息萬變的戰場，以及即時下達正確的指令給各級指揮官，這部分就如第3課所講的一樣。

此外，毛奇為了因應「戰場迷霧」與「摩擦」而正式採用了「任務戰術」，讓各級指揮官擁有「獨斷專權」的權力（要注意的是，這裡說的「獨斷專權」並非放任各級指揮官恣意妄為，而是要求各級指揮官根據上級指揮官的「企圖」，採用適當的「方法」達成「目標」）。

反觀，施里芬採行了完全不同的策略，除了擬定動員到決戰之際的作戰計畫，還要求各部隊嚴守事先制定的行程表。從毛奇的作戰概念來看，施里芬明顯忽略了「戰場迷霧」與「摩擦」這兩大因素。

此外，曾觀摩過德意志軍隊大規模演習的各國軍官也發現，德意志軍隊已變成只能聽命行事的軍隊。換言之，現在的德意志軍隊已失去「獨斷專權」的能力，完全不像毛奇參謀總長時代的普魯士軍隊。

施里芬的用兵思想

克勞塞維茨認為「戰爭是非常複雜的現象，沒有『絕對的原則』」，但施里芬卻主張「只有繞到敵軍側面與背後包圍敵軍才是致勝之道，這種『不變的原則』」，與約米尼（參考第2課）相近。由此可知，施里芬的用兵思想脫離了普魯士／德意志用兵思想的主流，與克勞塞維茨、老毛奇的作戰概念相去甚遠。

此外，施里芬認為惟有效法拿破崙率領的法軍大破奧地利與俄羅斯聯軍，得以在有利的條件之下講和的「奧斯特里茨戰役」（1805年），以決定戰局的「決勝會戰」（決戰）一決勝負，才能一舉解決長年以來的國際問題。

不過，當時的動員兵力與作戰範圍已遠遠超過拿破崙時代，又怎麼能以「決勝會戰」決定戰局呢？就算真的能如此決定戰局，戰後能形成穩定的國際情勢嗎？施里芬似乎都未曾仔細思考過這類問題。

再者，嚴守軍人身分的施里芬從不談論政治。具體來說，德意志皇帝威廉二世（1859～1941年。皇帝在位期間：1888～1918年）曾為了稱霸世界而與外國不斷發生衝突，但施里芬卻不曾提過任何諫言，也不曾要求德意志的外交部透過外交手段避免兩線作戰（但近年的研究指出，施里芬不僅充分研究了政局，也想自行擬定與執行作戰計畫）。

施里芬於1906年成為後備軍人之後，仍不斷地發表戰史相關的論文，持續提出自己的主張，最後則在第一次世界大戰爆發的前一年留下「強化右翼吧」這句被奉為傳說的遺言之後辭世。

繼施里芬之後，於1906年成為參謀總長的是老毛奇的侄子赫爾穆特・約翰內斯・路德維希・馮・毛奇（1848～1916年），也就是小毛奇。

毛奇與施里芬

毛奇採用了任務戰術，讓各級指揮官自行決定達成目標的方法。
就依照你的判斷行事。

施里芬要求各級軍隊聽命行事與嚴守行程表。
右翼的部隊晚了一天了！
カッ
カッ
※敲敲

想法與約米尼相近的施里芬可說是偏離了承襲自克勞塞維茨的普魯士／德意志的用兵思想。
只有包圍戰才是致勝之道！

第一次世界大戰爆發

短期決戰失敗

1914年6月28日，波士尼亞塞族塞爾維亞青年暗殺了奧地利大公夫妻，釀成了所謂的「塞拉耶佛事件」，導致相關各國紛紛動員與宣戰，最終演變成以德意志帝國、奧匈帝國為首的同盟國，與法國、英國、俄羅斯主導的協約國之間的第一次世界大戰（1914～18年）。

之所以一個小事件會引爆如此大規模的戰爭，源自普魯士軍隊在德意志統一戰爭的獲勝。普魯士軍隊利用鐵路訂立了縝密的作戰計畫，得以迅速動員大批兵力，拿下戰爭的勝利之後，主要大國就紛紛效法普魯士軍隊的動員體制（設置參謀總部與研擬戰爭計畫），而且這些各國也認為「先動員比較有利」。說得更精準一點，就是「先開戰比較有利」，所以才會導致整個局勢快速惡化。

1914年8月初，西部戰線的德意志軍隊依照小毛奇修訂過的「施里芬計畫」開始進軍，也派遣步兵部隊突襲比利時的要塞，卻屢攻不下，只好推出大口徑的攻城砲，才總算打下要塞，朝法國北部進攻。

緊接著，德意志軍隊的右翼於比利時西部的蒙斯與英國遠征軍（British Expeditionary Force，BEF）正面衝突。盡管以志願兵組成的BEF十分驍勇善戰，但是東側的法國第5軍卻莽撞地發動進攻，還因此被迫撤退，此舉導致BEF的右翼空虛，也逼得BEF一起撤退。

眼見敵人撤退的德意志最右翼（北端）第1軍便於巴黎前方往左（南）回旋，企圖繞到英法聯軍的側面，但此時德軍將法軍主力困在巴黎的作戰計畫已不可能實現。

因為這時候最右翼的第1軍與左側的第2軍之間產生了致命的嫌

◆第一次世界大戰之際的歐洲情勢

必須比敵人先行動員…
德意志
俄羅斯
法國
向塞爾維亞宣戰！
奧匈帝國
塞爾維亞
這個時代的各國
紛紛彷效德意志統一戰爭的普魯士軍隊，
訂立了縝密的動員計畫。
所以「先動員／先開戰才有利」的概念
也於各國滲透。隨著奧匈帝國向塞爾維亞宣戰，
各國也開始動員與宣戰，
最後演變成不可收拾的局面。

第1課
第2課
第3課
第4課
第5課
第6課

隙，加上連日的急行軍讓補給部隊來不及跟上，前線部隊也陷入物資匱乏的局面，來不及補充兵力的德意志軍隊已無力將法軍的主力連同巴黎一併包圍。

反觀，英法聯軍則徵召巴黎市內的計程車，將增援部隊運輸到前線，並於9月中在巴黎前方的馬恩河展開反擊，也阻止了德意志軍隊的攻勢，這場反擊又被稱為馬恩河奇蹟。一如前述，德意志軍隊未能繼續開進的原因之一在於補給線拉得太長，也欠缺在開戰初期發揮威力的重型大砲，所以，與其說英法聯軍在「第一次馬恩河戰役」的反攻是「奇蹟」，不如說是「必然」的結果。

於是德軍未能實現「施里芬計畫」的包圍戰，也無法在短時間之內打敗法國。

小毛奇將施里芬計畫「愈改愈糟」的傳說

小毛奇的作戰計畫以失敗收場之後，遭受了下列的批評。

小毛奇違背了施里芬那句「強化右翼吧」的遺志，將本該配置在右翼的兵力調到中央，導致德意志軍隊右翼的進攻能力下滑，才會受阻於在巴黎前方爆發的「馬恩河戰役」，進而無法迅速擊敗法國。如果小毛奇採用原版的「施里芬計畫」，或許德意志軍隊有機會贏得戰爭。

這項主張被多數的軍事專家接納之外，於第二次世界大戰擔任德軍最資深指揮官的格特・馮・倫德施泰特元帥（1875～1953年）也曾說：「施里芬計畫是因為被稀釋才以失敗告終。」

不過近年來，有不少人對這種看法提出異議。以下為大家舉出幾個例子。

①小毛奇雖然變更了兵力的配置方式，但不是減少右翼的兵力，而是利用新的部隊強化中路與左翼，並未「稀釋」原本的計畫。

②小毛奇放棄「施里芬計畫」原先的規劃，不從荷蘭南部借

道，避免與中立的荷蘭開戰，反而減輕了德軍右翼的負擔。

③小毛奇在進攻比利時之後，希望能直接進行大規模包圍戰，或是當法軍主力於德法邊界的洛林地區停下腳步時，攻擊法軍的側翼或背後。因此，與其說小毛奇搞砸了施里芬計畫，不如說小毛奇另外訂立了「小毛奇計畫」。

不管哪邊的說法正確，第二次世界大戰的軍人評論以及現代用兵思想相關書籍，都支持前述倫德施泰特元帥的看法，大家最好先有這層認識。

◆德軍於西部戰線的攻勢（1914年）

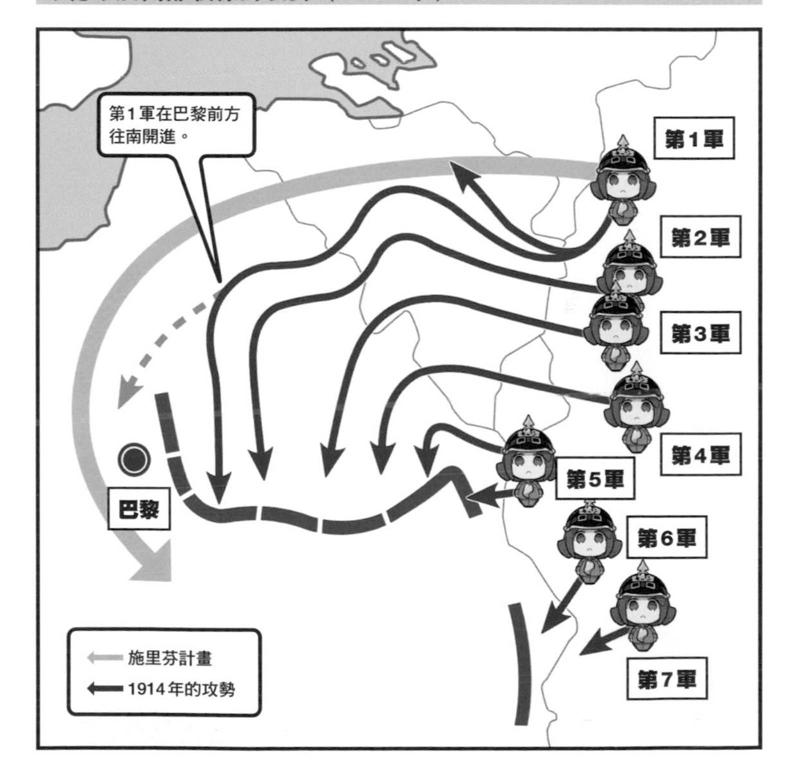

坦能堡戰役的包圍殲滅與各個擊破

另一方面，在開戰初期的東部戰線，俄羅斯軍隊的動員速度比德意志軍隊想像得更快。1914年8月中旬，俄羅斯西北軍團的第1軍與第2軍開始進攻波羅的海附近的東普魯士地區。

而留駐在此的德意志軍隊只有第8軍，所以一開戰，就被兵力占有優勢的俄羅斯軍隊逼得節節敗退。不過，俄羅斯西北軍團的第1軍與第2軍未能彼此協調，導致無法順勢夾擊德意志第8軍。第二次世界大戰之前的蘇聯軍隊還特別將這次的失誤寫進「戰役法」之中。

因此德意志軍隊將第8軍的司令官換成保羅・馮・興登堡（1847～1934年），同軍參謀長則換成於前述「列日戰役」大展身手的埃里希・魯登道（1865～1937年），於是德意志軍隊利用鐵路與步兵的機動力，展開靈活的內線作戰，並在8月底至9月初這段期間，在坦能堡一帶包圍與殲滅俄羅斯第2軍，接著在得到西部戰線的增援之後，擊退俄羅斯第1軍，這就是包圍殲滅與各個擊破的經典案例「坦能堡戰役」。

此外，在這場「坦能堡戰役」之中，除了興登堡與魯登道這對「HL搭擋」之外，身為第8軍作戰參謀的卡爾・阿道夫・馬克斯・霍夫曼中校（1869～1927年，也就是知名的馬克斯・霍夫曼）也做出了極大的貢獻。

話說回來，「坦能堡戰役」不像普奧戰爭的「薩多瓦會戰」或普法戰爭的麥茨與色當的包圍戰，足以決定戰局的風向。俄羅斯軍隊的確在此役損失慘重，但就整體軍隊的規模來看，還不算是致命打擊，俄羅斯政府也未因此喪失鬥志。換句話說，「坦能堡戰役」並不是與俄羅斯軍隊的「決勝會戰」，只是單一局面的小規模勝利。

因此，德意志軍隊仍然陷入東西兩線的兩線作戰之中。

◆坦能堡戰役（1914年）

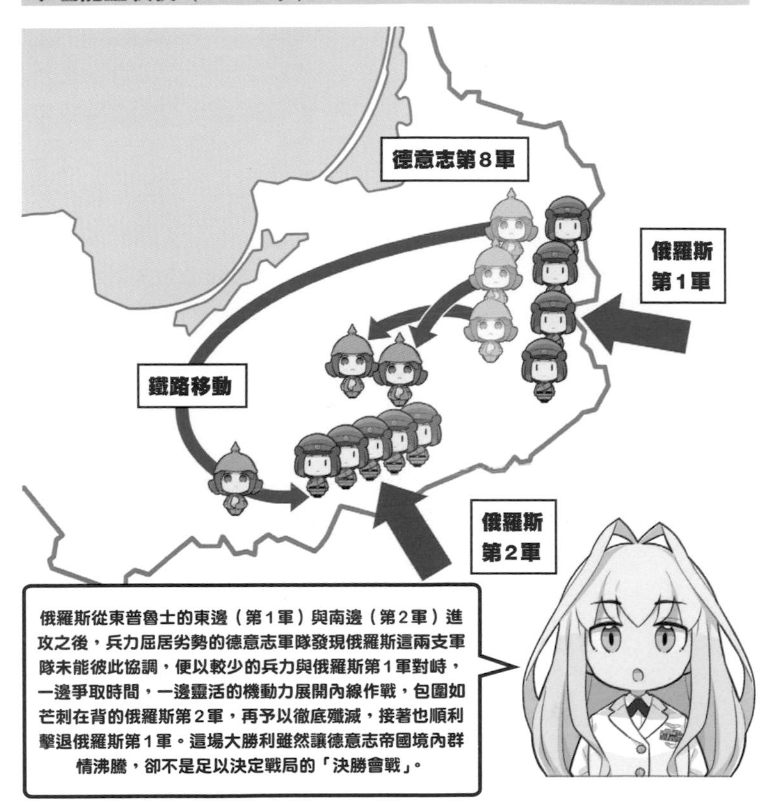
德意志第8軍
俄羅斯
第1軍
鐵路移動
俄羅斯
第2軍
俄羅斯從東普魯士的東邊（第1軍）與南邊（第2軍）進攻之後，兵力屈居劣勢的德意志軍隊發現俄羅斯這兩支軍隊未能彼此協調，便以較少的兵力與俄羅斯第1軍對峙，一邊爭取時間，一邊靈活的機動力展開內線作戰，包圍如芒刺在背的俄羅斯第2軍，再予以徹底殲滅，接著也順利擊退俄羅斯第1軍。這場大勝利雖然讓德意志帝國境內群情沸騰，卻不是足以決定戰局的「決勝會戰」。

■第4課總結

①雖然德意志在帝國成立之後，立刻著手準備兩線作戰，但是促成德意志統一的功臣老毛奇卻擔心後續的戰爭會變成長期戰，導致既有的社會秩序瓦解。

②擔任德意志軍隊參謀總長的施里芬耗盡心力擬定了在短期之內，全面贏得兩線作戰的「施里芬計畫」。

③不過，第一次世界大戰爆發後，德意志軍隊卻因未能顧及「戰場迷霧」與「摩擦」的施里芬計畫（小毛奇曾著手修改），而無法在短期之內擊敗對手。

第5課

壕溝戰與壕溝戰的結束

陷入壕溝戰的僵局

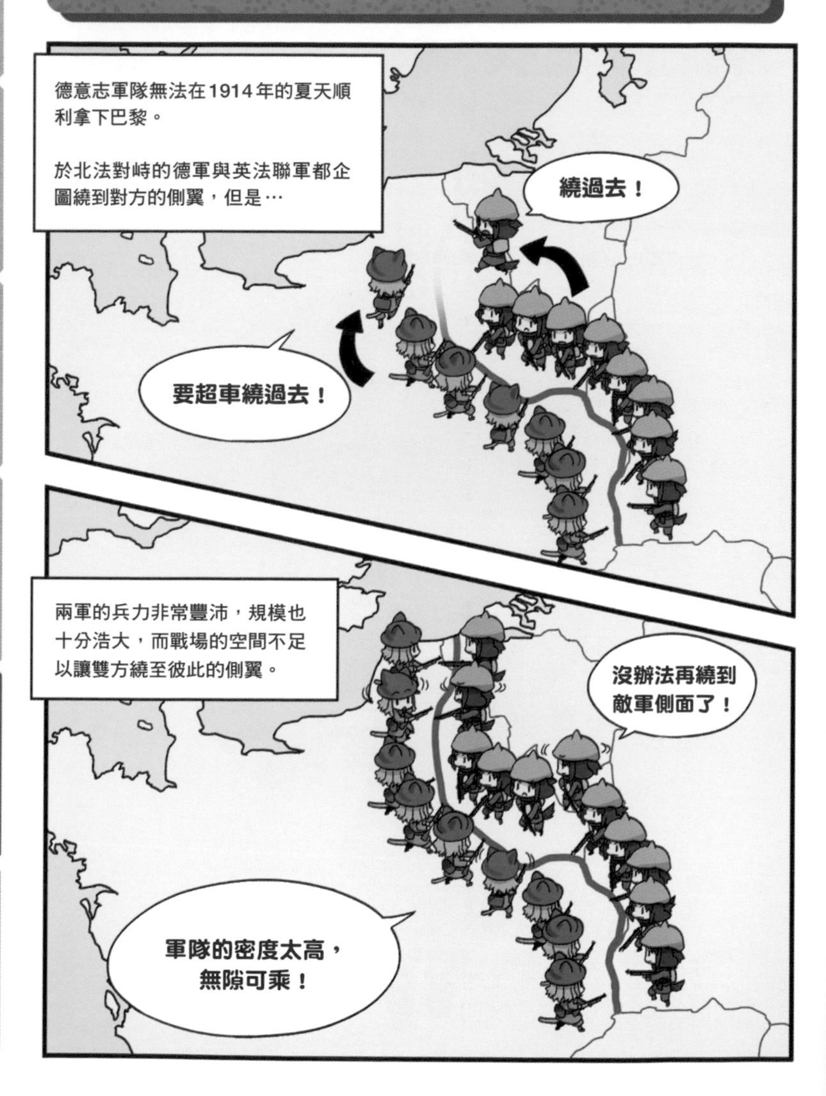
德意志軍隊無法在1914年的夏天順利拿下巴黎。
於北法對峙的德軍與英法聯軍都企圖繞到對方的側翼，但是…
繞過去！
要超車繞過去！
兩軍的兵力非常豐沛，規模也十分浩大，而戰場的空間不足以讓雙方繞至彼此的側翼。
沒辦法再繞到敵軍側面了！
軍隊的密度太高，無隙可乘！

演變成雙方只能採取
正面攻擊的局面——
要徹底守住戰線！
我們才不會輸！
優勢不如開戰初期的德意志軍隊為了守住戰線而開始挖掘壕溝，英法聯軍也紛紛效法，於是一條從英吉利海峽延綿至瑞士國境的壕溝就此誕生！
在雙方紛紛挖掘壕溝之後，作戰方式也從初期的運動戰轉型為壕溝戰。此外，機關槍與可快速連發的野戰砲普及後，讓雙方的火力大增，所以很難正面突破，戰局也因此陷入膠著。
此外，
東部戰線因為兵力密度較低，
所以還是「運動戰」的型態。

從運動戰轉型為陣地戰

一如第4課所述，第一次世界大戰西部戰線的德意志軍隊，在開戰初期的攻勢被英法聯軍擋下後（馬恩河戰役），德意志軍隊與英法聯軍便企圖繞到彼此的側面，雙方的軍隊側翼也不斷地往外延伸。最終便於瑞士國境至英吉利海峽這一帶形成密不透風的戰線，兩軍也無法採取正面突破以外的戰術。

為了維持與強化自家軍隊的戰線，德意志軍隊便開始挖掘壕溝，英法聯軍也跟著仿效。雙方的壕溝原本很淺，但後來為了阻止敵軍的步兵前進，便在前線（敵方）設置鐵絲網這類障礙物；也為了抵擋敵軍的砲擊，在壕溝上面架設滾木，再以土方掩蓋，同時還設置了水泥槍座（架設機關槍的據點）。在雙方派遣步兵衝鋒陷陣之前，會先發動準備時間較長的砲戰，雙方的守軍也會躲在地下掩蔽壕之中。為了讓掩蔽壕能進一步防禦砲擊，便不斷加深掩蔽壕的深度，甚至從一開始的3公尺挖到9公尺的深度。

日軍將運用部隊機動力的作戰稱為「運動戰」，並將運用陣地的火力與防禦力進行作戰的方式稱為「陣地戰」，藉此區分這兩種作戰方式，這也意味著西部戰線的戰況從一開始不斷移動的「運動戰」進入靜態的「陣地戰」。

壕溝陣地的發展

最初的壕溝陣地分成只有一條壕溝的「一線陣地」，以及由據點型的前進陣地、主陣地、後勤陣地組成的「數線陣地」，最終又演變分布範圍長達數公里的多個散兵坑與戰壕、據點組成的「陣地帶」。接著還形成2～3條陣地帶以數公里的間隔垂直分布的「數帶陣地」（此時的垂直分布是「縱深」的意思）。

當陣地變得如此縱深，就不怕敵軍突破第1陣地帶與第2陣地帶，因為守方可利用戰線後方的路網與鐵道前進滿目瘡痍的戰地

◆讓壕溝戰地更難被突破的「深度」

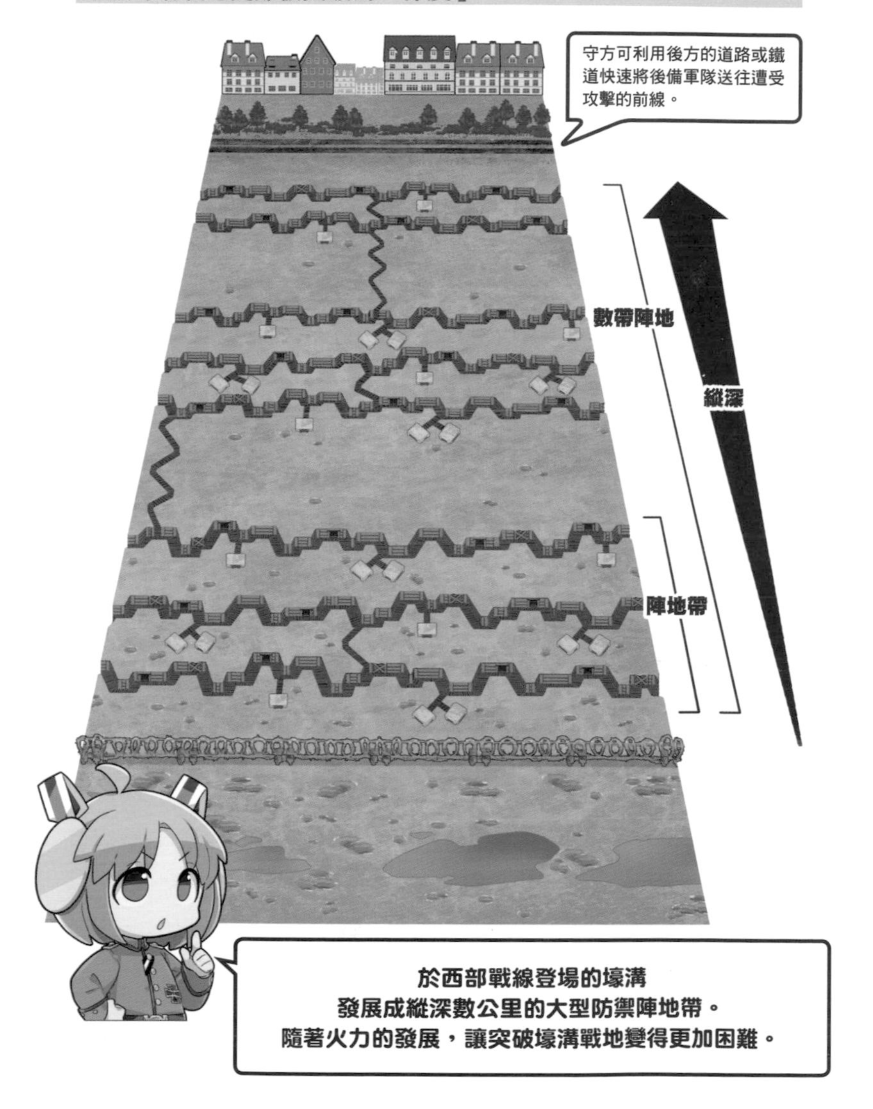

守方可利用後方的道路或鐵道快速將後備軍隊送往遭受攻擊的前線。
數帶陣地
縱深
陣地帶
於西部戰線登場的壕溝
發展成縱深數公里的大型防禦陣地帶。
隨著火力的發展，讓突破壕溝戰地變得更加困難。

(守方也會讓砲兵部隊再次發動攻擊),比敵方更快補充兵員,而這些補充的兵員能避免敵軍進一步突破,也能強化後方的第3陣地帶,還能於後方建立新的戰線,所以雙方都不可能突破對方所有的陣地帶,無法以勢如破竹的速度進行大規模突破。

於是,第一次世界大戰的西部戰線就陷入壕溝戰的僵局(兵力不足以守住完整戰線的東部戰線則偏向「運動戰」)。

陣地防禦戰術的發展

西部戰線的德意志軍隊於大戰爆發之際受挫後,便一味地採取守勢,採取固守第1陣地帶的方針。

但從1917年春天開始,便因敵方接二連三的砲擊而無法於第1陣地帶補充兵員,敵方也因此突破了第1陣地帶,於是德意志軍隊只能在第2陣地帶補充兵員,準備展開反擊。

不過,英法聯軍的砲兵部隊於同年夏天開始對德意志軍隊的第1、2陣地帶狂轟猛炸,阻斷德意志軍隊的後備軍隊反擊。

德意志軍隊這邊雖然在第1陣地帶的第1線部隊後方配置了後備軍隊,打算進行小規模的反擊,卻因敵軍的攻擊準備射擊而損失慘重,所以無法展開反擊。

因此德意志軍隊便減少第1陣地帶的兵力,採取先行後退,再於第2陣地帶前方展開反擊的戰術。雖然進行反擊時,還是有可能因英法聯軍的砲火受阻,但總比在雙方步兵部隊開戰之前,一直被英法聯軍轟炸來得好。

到了1917年後半之後,德意志軍隊將前方的第1陣地帶定義為「警戒陣地」,也讓第1陣地帶的守軍後撤,讓敵軍浪費砲彈,然後再於第2陣地帶,也就是與敵方攻擊部隊對抗的「主抵抗陣地」發砲攻擊敵軍,同時在第2陣地帶以及第2陣地帶之前展開反擊。

這種不單固守陣地,還讓守軍在陣地靈活運動的防禦方式被日軍稱為「遊動防禦」。

機關槍的威力

壕溝陣地之所以固若金湯，除了前述的陣地防禦戰術愈來愈發達之外，也與機關槍這類個人武器的普及與增加息息相關。

可穩定連續射擊的機關槍是於第一次世界大戰之前的日俄戰爭（1904～05年）之際開始普及，日俄兩方也都使用了機關槍，所以第一次世界大戰爆發之際，各國的步兵連隊都配置了以機關槍為主要火力的機關槍連隊與機關槍中隊。

這類機關槍都架在大型的腳架或是備有盾牌與車輪的槍架上，某些機關槍的重量接近50公斤，有的甚至超過60公斤（這種機關槍被歸類為重機關槍，後面也會進一步介紹）。

當西部戰線從「運動戰」轉型為「陣地戰」，德意志軍隊的機關槍班具有在敵軍的攻擊預備射擊結束後，從掩蔽壕將機關槍運到地面，完成射擊準備的能力。英國軍事評論家巴塞爾李德哈特（1895～1970年）就曾於第一次世界大戰之後出版的著作《近代軍隊的重建》（暫譯）形容當時的戰況。

「除了（砲兵）的火網之外，敵軍的多挺機關槍會從掩蔽部突然出現，或是從砲彈坑發射，而且1挺機關槍就能阻擋整個步兵部隊，甚至是整旅步兵的攻勢」（括號之內的內容是由筆者添述）。

機關槍與壕溝陣地的組合的確是最佳防線，所以主要國家的軍隊都在第一次世界大戰迅速增加機關槍的數量。

如此一來，壕溝陣地的防線火力也進一步強化。

火砲速射性的提升與間接射擊的普及

當作戰型態從活用機動力的「運動戰」轉型為依賴陣地火力、防禦力的「陣地戰」之際，支援火力的砲兵部隊也相形重要。

在此要先回溯至19世紀末的情況。

法軍於1897年採用了M1897式75mm野戰砲Mle，這也是全世界首次採用液壓氣動反後座裝置，而且於實戰使用的大砲。所謂的反後座裝置是在發砲時，只有放在砲架上的砲身往後退（此時稱為駐退），吸收反座力，再自動回到原本位置（此時稱為復進）的裝置。

沒有這種反後座裝置的大砲會在發砲後，整個砲身偏離原本的位置，所以每發射一次，就必須重新定位與瞄準一次，但是當反後座裝置發明後，就不需要重新定位與瞄準，發射速度也大幅提升，等於火力一口氣強化不少。雖然之前也有使用彈簧打造的反後座裝置，但現在的大砲還是以液壓氣動反後座裝置為主流。

再者，自從日俄戰爭爆發之後，原本只能固定在城堡要塞或是只用來攻城，鮮少移動位置的「重砲」增加了一些機動性，成為可在大範圍野戰使用的「野戰重砲」，也開始於各國普及（通常會以8匹以上的馬牽曳）。雖然機動性仍不如為了野戰量身打造的「野砲」，但這種口徑與威力都比較大，射程也比較遠的「重砲」（其中還有射程較短的臼砲※1），不僅可用來攻城，也能於野戰發揮威力。

此外，這種大砲的操作方式也有長足的進化。日俄戰爭爆發之後，除了會使用大砲自備的瞄準鏡「直接瞄準」敵軍，還會聽從觀測者（砲兵觀測軍官）的指揮發砲，攻擊無法從大砲位置觀測的遠方目標，而這種發砲方式又稱為「間接瞄準射擊」。

※1：是一種砲口如搗麻糬的臼一樣大，但砲身極短的大砲。發射砲彈的速度（初速）較低，最大射程也較短，但是德意志軍隊將臼砲的砲身改長後，臼砲就成為實質意義上的野戰榴彈砲，不過還是被分類為「臼砲（Morser）」。

◆直接瞄準射擊與間接瞄準射擊

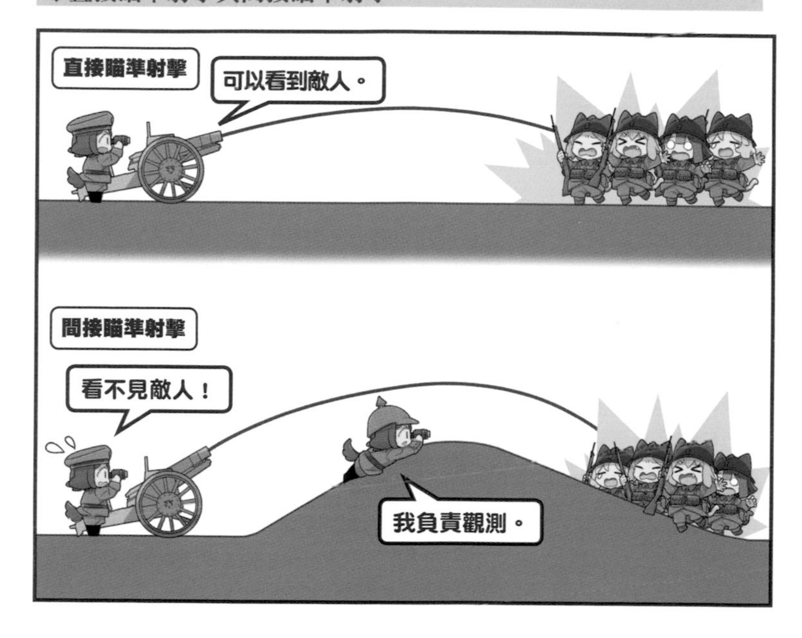

壕溝戰的砲兵戰術

砲兵戰術的進化

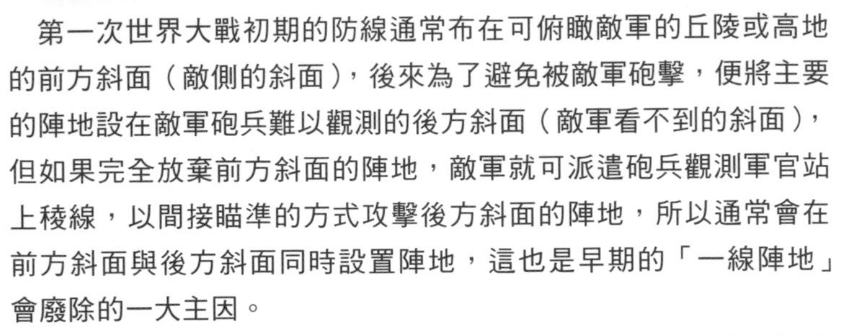

第一次世界大戰初期的防線通常布在可俯瞰敵軍的丘陵或高地的前方斜面（敵側的斜面），後來為了避免被敵軍砲擊，便將主要的陣地設在敵軍砲兵難以觀測的後方斜面（敵軍看不到的斜面），但如果完全放棄前方斜面的陣地，敵軍就可派遣砲兵觀測軍官站上稜線，以間接瞄準的方式攻擊後方斜面的陣地，所以通常會在前方斜面與後方斜面同時設置陣地，這也是早期的「一線陣地」會廢除的一大主因。

此外，西部戰線的英法聯軍在成功阻擋德意志軍隊，轉守為攻之後，會在步兵部隊發動攻擊之前，先讓大規模的砲兵部隊進行長時間的攻擊預備射擊。其中一例就是英法聯軍在1916年7月開始的「索姆河戰役」，以1537門大砲（其中包含467門重砲）在7天之內，發射了173萬發砲彈，也在1917年7月開始的「第三次伊普爾戰役」進行了為期18天的攻擊預備射擊，還在同年10月的「馬爾梅松戰役」進行了為期6天的攻擊預備射擊。

不過，堅守壕溝陣地的德意志守軍躲進地底的掩蔽壕，任由英法聯軍的砲彈在頭上飛過，同時在地面設置重型機關槍，讓那些被砲彈坑拖住腳步，難以全速前進的英法聯軍步兵部隊曝露在槍林彈雨之中。光是在前述的「索姆河戰役」的第一天，英軍就損失了高達6萬人的兵力，到了無法繼續攻擊的冬天，聯軍損失的兵力更是高達62萬人（關於細部的數據則另有說法）。

此外，過渡為陣地戰之後，攻方的砲兵部隊也會狙擊作為守方主要火力的砲兵部隊，所以整個戰局瞬間轉型為砲兵之間的「反砲兵戰」。具體來說，就是利用敵軍陣地的航拍照以及發砲之際的閃光以及砲聲進行「閃光測定」與「聲測定位」，藉此定位敵軍後

◆前方斜面的陣地與後方斜面的陣地

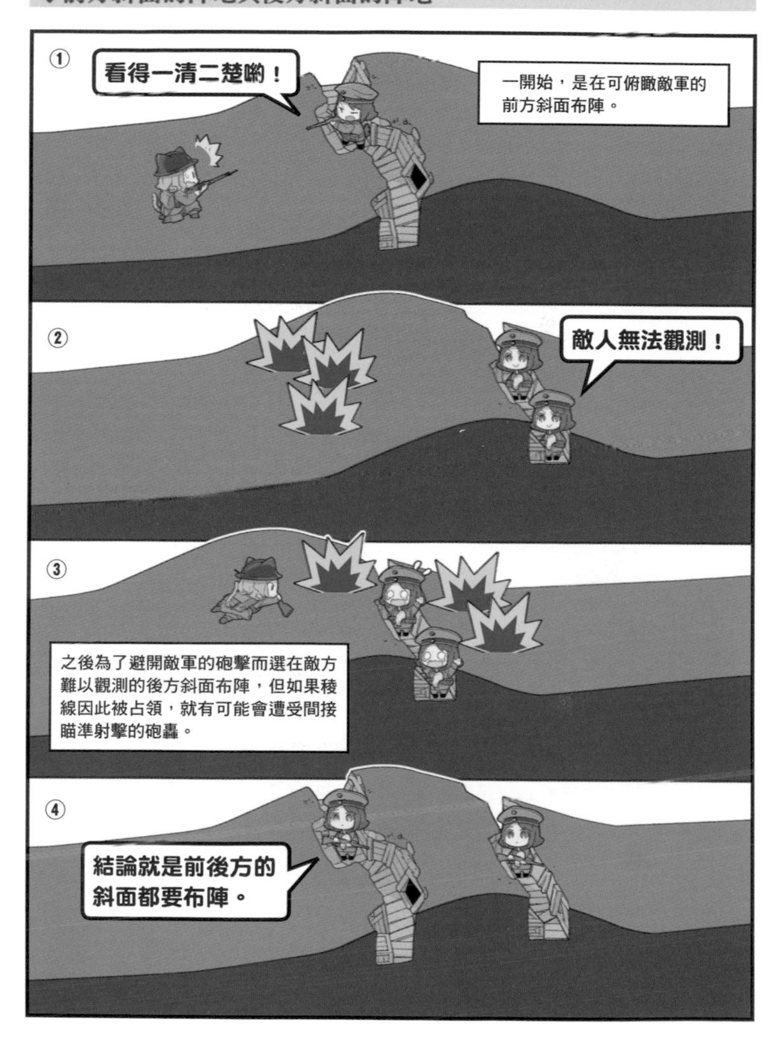

①
看得一清二楚喲！
一開始，是在可俯瞰敵軍的前方斜面布陣。
②
敵人無法觀測！
③
之後為了避開敵軍的砲擊而選在敵方難以觀測的後方斜面布陣，但如果稜線因此被占領，就有可能會遭受間接瞄準射擊的砲轟。
④
結論就是前後方的斜面都要布陣。

方的大砲，再予以砲擊。

進入大戰後期之後，也會發砲攻擊位於敵軍後方的指揮所或通訊設備，讓敵軍的指揮系統陷入混亂或癱瘓。

由此可知，砲兵戰術在第一次世界大戰之中有了長足的進化。

◆砲兵戰術①

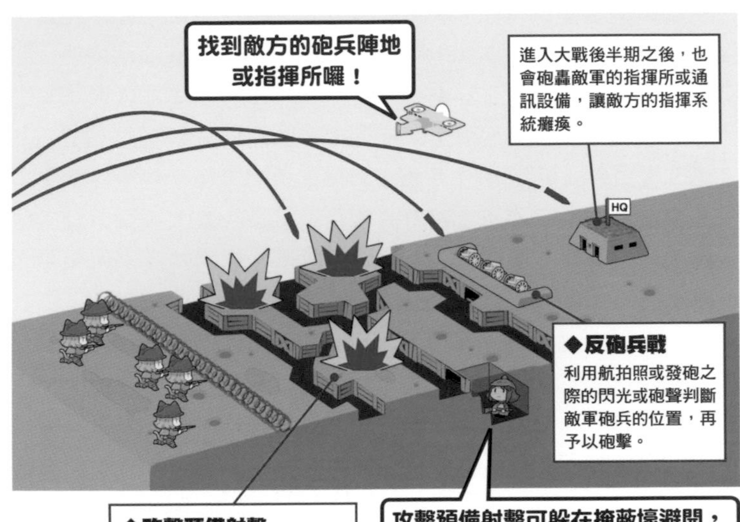

找到敵方的砲兵陣地或指揮所囉！
進入大戰後半期之後，也會砲轟敵軍的指揮所或通訊設備，讓敵方的指揮系統癱瘓。
HQ
◆反砲兵戰
利用航拍照或發砲之際的閃光或砲聲判斷敵軍砲兵的位置，再予以砲擊。
◆攻擊預備射擊
有時會在步兵發動攻擊之前，先對敵軍陣地發動長達數日的發砲攻擊。
攻擊預備射擊可躲在掩蔽壕避開，等到砲擊結束再展開反攻。只要習慣這個模式，反擊就變得很簡單了！

各種移動火網

第一次世界大戰的砲兵射擊除了對特定場所狂轟猛炸的「固定彈幕射擊」之外，還常使用讓彈幕陸續移動的「移動彈幕射擊」（英語為Mobile Barrage，以下皆同）。這種「移動彈幕射擊」可如下進一步分類。

「徐進彈幕射擊」指的是根據己方步兵部隊的電話聯絡或信號彈，讓彈幕以200公尺※1或100公尺的單位距離往前推進（緩進）。不過，這種彈幕射擊的缺點在於即使實際的戰況愈來愈激烈，一旦電話打不通，或是無法正確觀測信號彈，彈幕就會停止移動。

◆砲兵戰術② ——移動彈幕射擊

依照戰況的發展推進彈幕的
「移動彈幕射擊」
也是於第一次世界大戰之中
發展而成的！

反之，「延伸彈幕射擊」則是在己方步兵部隊非常接近敵方最前線的壕溝時發砲攻擊，之後再讓彈幕往該壕溝的下一條壕溝移動（lift）。之所以砲轟該壕溝後方的壕溝，是為了在己方步兵部隊攻擊敵人最前方的壕溝之際，讓敵人無法派兵支援前線。這種彈幕射擊的缺點在於敵人若在壕溝與壕溝之間的砲彈孔或瓦礫處架設機關槍，就很可能無法先以大砲摧毀機關槍。

「爬行彈幕射擊」則是讓彈幕的移動距離比「徐進彈幕射擊」還密集的射擊方式（Creeping，爬行的意思），此時彈幕的移動距離約為50公尺，有時甚至縮短25公尺，也就是讓彈幕在3～4分鐘之內移動100公尺。「Creeping」一詞最早出現在1916年7月爆發的「索姆河戰役」，英軍第7軍團司令部下達的指令之中。順帶一提，當時的彈幕移動速度為1分鐘50碼（約45.7公尺）。

另一方面，「累進彈幕射擊」則是讓部分的彈幕抵達敵軍壕溝外凸之處，繼續轟炸的同時，讓其他部分的彈幕往前移動（Creeping，爬行），轟炸壕溝外凸之外的範圍。直到全面轟炸敵軍的壕溝之後，再讓彈幕往下一條壕溝移動，同時讓己方步兵部隊攻擊第一條壕溝。

除了上述這類彈幕射擊之外，還有許多種類。比方說，前述「索姆河戰役」的英軍各軍團與麾下各師團就採用了多種彈幕射擊方法，其中第10軍團同時使用了「徐進彈幕射擊」與「爬行彈幕射擊」。這是利用口徑比野戰砲還大的榴彈砲或射程較長的加農砲※2，轟炸連接敵軍前後方陣地的交通壕，再讓主要彈幕從前方陣地線移動至下一個陣地線的砲兵戰術。

另外，較常見的還有移動彈幕射擊搭配固定彈幕射擊的砲兵戰術。比方說，一開始先讓彈幕以2～4分鐘的間隔往前推進，再讓彈幕停在敵軍最前方的壕溝正後方，改成固定彈幕射擊的方式不斷轟炸，阻止敵軍展開反攻。接著再以6分鐘的間隔繼續推進彈幕，然後以固定彈幕射擊的方式，針對下一條壕溝線的正後方持續轟炸60分鐘，再次阻止敵人展開反擊。西部戰線的英法聯軍攻勢通常會嚴格規劃彈幕射擊砲兵戰術與步兵前進的時間。

不過，當步兵部隊的前進速度比計畫來得慢，與移動的彈幕距離得太遠，逃過彈幕射擊的守方步兵部隊就會拖住攻方步兵部隊，此時步兵部隊與彈幕的距離會拉得更遠，也就愈來愈難前進，最終形成惡性循環。

這種以時間嚴格管控彈幕射擊與步兵前進速度的剛性攻擊，無法隨著敵軍的反擊調整攻勢，很難因應戰場之上的不確定因素，也就是「戰場迷霧」，以及克勞塞維茨提及的「摩擦」。

英法聯軍的攻勢大部分都以失敗收場（例如「索姆河戰役」），這種不知變通的攻擊計畫是失敗的一大主因。

※1：或是200碼（約183公尺）。之後的數據將會以公尺或碼為單位（1公尺=1.09碼）。

※2：若與野戰砲或口徑大於野彈砲的榴彈砲比較，在相同的口徑之下，加農砲的砲身較長，最大射程也較遠。日本從幕末至明治初期都以法語的發音「canon」稱呼這種大砲，之後才寫成漢字的「加農」。

「突破穆爾」的砲兵戰術

漫長的攻擊預備射擊無法動搖守軍的心理，
奇襲的效果也跟著衰減※。
ドーン!
ドドーン!
※咚～
這次他們
要轟炸幾天啊？
步兵差不多該
展開突擊了吧？
說到底，很難完全破壞陣地！
攻擊預備射擊的目的在於「壓制」！

德軍發明的砲兵戰術如下 ——

①以偷襲的方式，在短時間內轟炸敵軍後方的司令部或通訊所，麻痺敵軍的指揮通訊系統。

ズズーン

※滋滋滋

咦？電話打不通。

②連續轟炸敵方砲兵陣地
1小時半～2小時。
ドーン
※咚～咚～
ドーン!!
再於攻擊目標的側面發射
毒氣彈，阻止敵軍增援。

③再繼續以榴彈、毒氣彈轟炸死守陣地的敵方步兵。
重砲可以摧毀固若金湯的守軍據點！
ドドーッ!!
※咚～

④到了最後的10分鐘，讓所有的火砲集中轟炸敵軍的步兵陣地。
※咚～咚～
ドドーン!! ドーン
※呀呀
ぎょわーっ!!
挾雜幾次佯攻的集中射擊是此時的重點。

趁現在，衝啊！
※殺！
ザッ
⑤以移動彈幕射擊掩護往前衝的步兵。
ドーン!!
※咚～
只要能利用砲擊讓敵軍暫時失去作戰能力，步兵就能趁隙攻擊！

※：當時的聯軍會進行好幾天的攻擊預備射擊，所以德軍才會覺得這種漫長的攻擊預備射擊沒什麼效果。

目的不在於「破壞」而是「壓制」

德軍砲兵中校格奧爾格·布呂歇穆爾（1863～1948年）在第一次世界大戰末期使用了劃時代的砲兵戰術，讓德軍嶄獲多次重大突破，他也因此被冠上「突破穆爾」這個名號。

他雖然在大戰爆發前夕的1913年以健康為由從陸軍退伍，但大戰爆發之後，又以50多歲的高齡重新擔任中校一職，不過一開始只被任命為庫爾姆要塞（現今位於波蘭境內）的砲兵隊長，算是不太重要的職位。但是他在歷經不同的職位之後，開始嶄露頭角，也在1917年9月東部戰線爆發的「里加攻勢」擔任第86師團的砲兵指揮官斬獲佳績，之後便於1917年11月前往西部戰線擔任特別任務的砲兵指揮官，締造了前述的絕佳戰績。接著讓我們一起了解他的戰術。

布呂歇穆爾指出，攻擊預備射擊的時間一拉長，動搖守軍士氣的效果將會遞減，奇襲也將失效，而且會浪費大量的砲彈，也會讓砲身不斷損耗，所以他放棄「破壞」敵人的陣地設施，改於短時間之內，集中砲火「壓制」（neutralization）敵軍，直到己方步兵部隊得以占領敵人陣地，同時讓敵人難以反擊※1。

他的這項戰術在大戰之中經過多次執行與修正，而大戰末期的經典戰術如下。

首先在敵人未能察覺的情況下盡可能召集砲兵部隊，接著依照戰術將備有各式火砲的砲兵隊部隊臨時分成下列4組，而不以野戰砲兵或徒步砲兵※2這種傳統兵種編制部隊。

[A] 將3/4的火砲分配給「對步兵砲兵」，支援打擊敵方最前線步兵的己方步兵部隊。這種步兵專用砲兵的主要組別會分配給每個師團，次要組別則會分配給第一線的各步兵連隊。

[B] 所有火砲的2成會分配給打擊敵軍後方砲兵部隊的「對砲兵砲兵」，其主力組別會分配給採取正面攻擊※3的各軍團，次要組

別則會分配給各師團。基本上，砲兵戰會以野戰榴彈砲※4為主力，但布呂歇穆爾喜歡以發射速度較快的野戰砲發射毒氣彈。

[C]將射程較長的加農砲分配給專攻敵軍後方指揮所或通訊所的「遠戰砲兵」，而這些遠戰砲兵會分配給正面攻擊的各軍團。

[D]將口徑較大的臼砲分配給負責打擊敵人重要據點的「重砲兵」，而這些重砲兵會分配給正面攻擊的各軍團。

此外，他還讓這些不同組別的砲兵進行縝密的合作。接下來讓我們一起了解具體的轟炸順序。

①首先是發動急攻，在30分鐘之內，讓「遠戰砲兵」組轟炸敵軍後方的司令部或通訊所。主要是以造成嘔吐的毒氣以及少量的榴彈造成敵軍的指揮通訊系統混亂或癱瘓，同時透過這一波的轟炸，將敵軍負責對抗砲兵的砲兵部隊逼出掩蔽壕。

②接著，讓「對砲兵砲兵」，加上部分的「對步兵砲兵」，暫時強化戰力後，再以榴彈、嘔吐性毒氣彈對敵軍砲兵陣地轟炸1小時半～2小時半左右，接著以窒息性、糜爛性的毒氣彈轟炸，壓制敵軍的砲兵。假設敵軍的砲兵太慢穿上防毒面具，就會因為嘔吐性毒氣而不斷嘔吐，再也無法穿上防毒面具，進而無法抵擋接下來的窒息性或糜爛性毒氣彈。此外，也會向己方步兵部隊準備攻擊的敵軍陣地側面發射糜爛性毒氣彈，創造難以迅速通過的地區，拖慢敵軍增援的速度。

③接下來，讓「對步兵砲兵」以榴彈、嘔吐性毒氣彈轟炸死守陣地的敵軍步兵1～2小時，同時讓「對砲兵砲兵」組繼續攻擊敵軍的砲兵，「遠戰砲兵」組與「重砲兵」組也分頭攻擊自己的目標。

④在攻擊預備射擊的最後10分鐘，讓所有的火砲集中攻擊敵軍的步兵部隊。但這麼一來，敵軍有可能會發現己方的步兵部隊準備發動總攻擊，所以在正式展開集中火砲攻擊之前，要隨機挾

雜幾次「佯攻的集中火砲攻擊」，讓敵人無法察覺己方步兵何時發動總攻擊。

⑤己方的步兵部隊在「對步兵砲兵」組以及各步兵部隊的迫擊砲（Minenwerfer）※5的移動彈幕射擊掩護下展開總攻擊。

布呂歇穆爾認為砲兵部隊一不小心就會變成一盤散沙，所以非常重視砲兵部隊與步兵部隊之間的緊密合作。具體來說，除了將四分之三的火砲分配給直接支援步兵部隊作戰的「對步兵砲兵」之外，還親自對步兵部分對指揮官或參謀實施砲擊計畫簡報。等到攻擊規模變大，要支援的步兵部隊增加後，也派遣各砲兵組的指揮官。在進行前述的簡報時，他要求下至步兵小隊長都要參加，各砲兵要能回應各級指揮官的問題，還得接受來自前線部隊的要求。

毒氣的種類與效果

嘔吐性毒氣可攻擊鼻子、鼻竇、上呼吸道其他部分與眼球，造成打噴嚏、咳嗽、頭暈、想吐這些症狀，窒息性毒氣可攻擊肺部與氣管，造成呼吸系統無法正常運作。糜爛性毒氣可讓皮膚、眼球、氣管潰爛。大部分的毒氣都能造成持續性的傷害，也能創造難以通過的地區，阻止敵軍增援。

這套由布呂歇穆爾擬定的砲擊戰術在後述的德軍最後一波大攻勢「皇帝會戰」應用，締造了空前絕後的成果。

第一次世界大戰之後，各國的砲兵戰術或多或少都受到布呂歇穆爾的影響。比方說，砲擊雖然無法完全破壞敵軍的陣地，卻能讓敵軍暫時失去作戰能力，所以可趁著這段空檔突破敵方的陣地。這可說是各國砲兵部隊在歷經第一次世界大戰之後做出的結論（不過，日後的蘇聯特別重視破壞敵軍的陣地）。

※1：現代軍隊的壓制有兩種，一種是不戰而屈人之兵（有可能無人傷亡）的「壓制」（suppression），另一種是讓敵人暫時無法作戰的「鎮壓」（neutralization），有些日本研究學家將前者稱為「壓制」，將後者稱為「無力化」。不過筆者認為第一次世界大戰的「壓制」是現代的「壓制」與「鎮壓」的綜合體，所以依照第一次世界大戰當時的概念，在本書使用「壓制」這個字眼。

※2：早期的「砲兵」只固守在城塞，或是分成負責攻城，不需頻繁移動的「重砲兵」以及進行大範圍野戰的「野戰砲兵」這兩種。不過，當時的德軍將相當於「重砲兵」的兵種稱為「徒步砲兵」（Fussartillerie）。這個名稱源自拿破崙戰爭，不騎馬，只徒步行軍的砲手。順帶一提，「重砲」也分成可於野戰使用的「野戰重砲」以及固定在要塞的「要塞重砲」，但是當規模變大後，就出現了進行野戰的「野戰重砲兵」以及固守陣地的「要塞重砲兵」，日本軍隊就是將「重砲兵」分成上述這兩種重砲兵。

※3：所謂的主攻就是發動主要攻勢的意思。輔助主要攻勢的攻勢則稱為輔攻。

※4：德軍將口徑大於主力野戰砲的榴彈砲稱為野戰榴彈砲（Feldhaubitze），主要是分派給前述的「徒步砲兵」使用。

※5：當時德軍大量配備的迫擊砲與大砲一樣，有膛線與反後座裝置，德語稱為「Minenwerfer」（直譯為德式迫擊炮）。

步兵火器的發展與小部隊戰術

輕型機槍的普及

第一次世界大戰的各國軍隊都在步兵連隊底下的機關槍隊或機關槍中隊增配了機關槍，有些國家還於各步兵大隊配置機關槍中隊，藉此強化火力。這些機關槍雖然可在壕溝陣地發揮強大的防禦力，但是笨重的槍身與槍架都不適合與手持步槍的步兵一同衝鋒陷陣。

因此法軍開發了能與步兵一同衝鋒的輕型機槍Mle 1915 CSRG（俗稱紹沙），也於「索姆河戰役」開始大量配備。雖然重量高達9公斤，是步槍的2倍，卻比傳統的重型機槍輕上不少。此外，英

「重型」機槍MG08（德軍）
早期的機關槍重達數十公斤，必須固定才能使用。一個人絕對拿不起來，所以沒辦法與步兵一起衝鋒陷陣！

軍也配置了13公斤重的輕型路易士Mk.I機槍，德軍也將連槍架重達60公斤的MG08機械輕量化為15kg重的MG08／18機槍。如此一來，機槍就分成步兵可獨自攜行的「輕型機槍」與傳統的「重型機槍」。

法軍未將這類輕型機槍分配給負責開路的第一波步兵部隊，以及負責掃蕩戰壕內部敵軍的第二波步兵，而是分配給第三波的步兵部隊。之所以這麼做，是為了在奪取敵軍的第一線陣地之後，讓輕型機槍立刻進駐，阻止敵軍的步兵展開反擊，同時掩護己方步兵對敵軍第二線陣地展開攻擊。

不過，在1916年9月發布軍令後，輕型機槍就分配給第一波的步兵部隊。第一波的擲彈兵（負責丟手榴彈的步兵）會將手榴彈丟進敵軍的戰壕，將敵軍從戰壕逼出來之後，再由手持輕型機槍的步兵負責掃射。

「輕型」機槍路易士Mk.1（英軍）

可手持的機槍問世後，為了與傳統的機槍區分，才稱為「輕型」機槍。雖然輕量化之後，可隨著步兵一起衝鋒陷陣，但重量還是有十幾公斤左右。

第1課
第2課
第3課
第4課
第5課
第6課

戰鬥單位的細分化

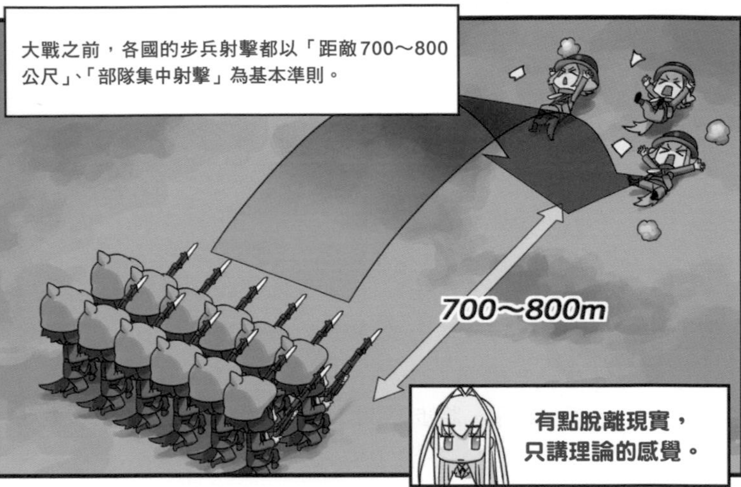

大戰之前，各國的步兵射擊都以「距敵700～800公尺」、「部隊集中射擊」為基本準則。
700～800m
有點脫離現實，只講理論的感覺。

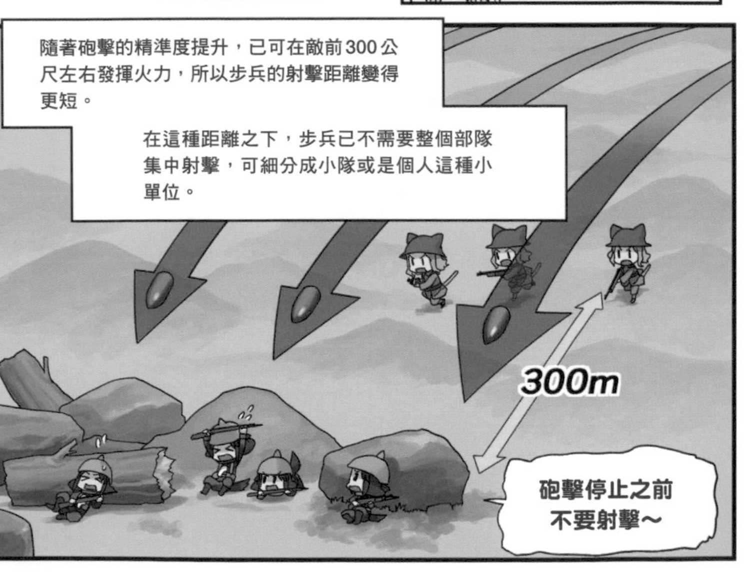

隨著砲擊的精準度提升，已可在敵前300公尺左右發揮火力，所以步兵的射擊距離變得更短。
在這種距離之下，步兵已不需要整個部隊集中射擊，可細分成小隊或是個人這種小單位。
300m
砲擊停止之前不要射擊～

戰鬥單位的細分化與戰鬥群戰法

話說回來，大戰之前，各國的步兵部隊都是在距離敵人700～800公尺的位置一起射擊，有些國家甚至是讓整個中隊一齊射擊。

不過大戰爆發之後，砲兵射擊的精準度提升，已能轟炸距離敵軍300公尺前後的位置，而這種越過己方步兵頭上的掩護射擊又稱超越射擊，所以步兵必須在更短的距離發揮火力，部隊一齊射擊的需求性也跟著降低，步兵的射擊單位便從200人左右的中隊降至40人左右的小隊，之後又細分為單兵的單位。

此外，步兵發動突擊時，必須先把敵陣前方的鐵絲網剪出小破口，才能迅速通過障礙，而在戰壕短兵相接時，部隊的規模若是太大，反而不易指揮，所以突擊單位與指揮單位都從中隊拆解為小隊，再從小隊細分為10幾人的準小隊或分隊。法軍之後又於1917年9月頒布軍令，將步兵部隊的最小戰鬥單位稱為「半小隊」（後來改稱「戰鬥群」），各半小隊均配有輕型機槍，可在下士的指揮下獨立戰鬥。

以某個中隊的突擊為例，麾下的各小隊很難自由地往左右兩側移動，也很難快速包圍敵軍的機槍座，更有可能被敵軍的砲火炸得死傷慘重，但是當法軍實施新戰術，配有輕型機槍分隊的半小隊便成為能獨立作戰的戰鬥單位，也能在下士的指揮之下，朝不同的方向進攻，還能利用地形地物躲開敵軍的砲火，再趁機搶進，或是分別包圍敵軍的機槍座。這種戰術被日軍稱為「戰鬥群戰法」，之後也成為各國軍隊的小部隊戰術雛型。

這種戰鬥群會採用「傘型戰鬥隊形」，並在呈傘型分布的隊形頂點配置輕型機槍，此時步兵的主要任務就是保護輕型機槍手，這也意味著步兵小隊的主要火力從傳統的步槍轉型為輕型機槍。

戰鬥群戰法

以中隊為戰鬥單位時，各小隊無法自由行動，常因敵軍的砲火死傷慘重。

當砲兵戰術的精準度提升，小部隊也開始配備機槍，小部隊就更具機動力，也能利用「地形地物」作戰。
快從那邊繞過去！
在日本，這種戰術稱為「戰鬥群戰法」，而這種戰術最後也於各國陸軍普及。

突擊部隊與滲透戰術

分成小部隊再「滲透」敵方戰線

另一方面，德軍在開戰半年之後的1915年3月，開始以工兵部隊※1實驗對付壕溝的新戰術與新兵器。同年9月，在新任指揮官威利．羅爾上尉（1877～1930年）的指揮下，部隊開始研究入侵壕溝陣地的新戰術，10月在佛日山脈一帶作戰勝利，之後部隊便於隔年的1916年4月擴張為大隊規模。同年10月，這種以新戰術訓練而成的「突擊部隊」（Stoßtruppen）便以大隊的編制配置於西部戰線的所有部隊，之後又於全軍配置相同的部隊。

突擊部隊的士兵除了備有步槍、輕型機槍之外，還為了在戰壕之內進行近身作戰，配備了大量的手榴彈與裝了刺刀的鏟子，到了大戰末期，還配置了可連續發射子彈的衝鋒槍。有些士兵還會配備壓在鐵絲網上方的踏板，以及剪斷鐵絲網的鐵絲網剪。此外，部隊的支援火力包含迫擊砲（Minenwerfer）以及砲身切斷的輕量化野戰砲，或是火焰噴射器以及其他的特殊武器。

這種突擊部隊的新戰術稱為「滲透戰術」，戰術的內容大致如下。

①先仿照前述的布呂歇穆爾的做法，在短時間之內進行猛烈的攻擊預備射擊，壓制敵方守軍，再讓敵人的指揮通訊系統陷入混亂與癱瘓。這時候的砲擊會使用毒氣彈以及煙幕彈。這些砲彈不是一般的榴彈，不會在地面炸出大洞，所以不會妨礙部隊搶進。

②接著讓突擊部隊在煙幕的掩護下，分成分隊、班或小部隊前進。此時不會正面攻擊敵人防禦甚嚴的據點，而是集中攻擊敵軍陷入混亂的弱點。一般來說，分隊是由中士負責指揮，班由

下士指揮。這些下級指揮官除了擁有指揮作戰的權力，也必須具備判斷戰術的能力。

③當突擊部隊在敵軍戰線撬開縫隙之後，便朝敵軍戰線的後方前進。突擊部隊的軍官與士兵在訓練之際，都被告知要不斷地前進，不要理會側邊或後方的敵軍據點。換言之，此時的作戰方式是以多支小型部隊「滲透」敵軍戰線，而不是以傳統的大部隊「突破」敵軍戰線。

④接著讓跟進的後方部隊包圍突擊部隊身後的敵軍據點。後方部隊的任務在於擴大突擊部隊的成功，而非挽救突擊部隊的失敗。換言之，不會重覆攻擊突擊部隊未能成功突破的地方。此時敵方的守軍會因後方被突擊部隊截斷，無法與上級部隊聯絡而陷入恐慌，並在被後方部隊包圍之際喪失士氣，此時通常會乾脆投降。

⑤只要在戰線撬出小洞，就能讓更多部隊滲透。

也就是說，這種作戰方法就像是在堤防挖出小洞，讓河水一舉沖垮堤防的感覺。突擊部隊的小型部隊在敵人的戰線撬出「縫隙」，而這個縫隙將釀成大洞，最終造成敵軍戰線「潰散」。

滲透戰術

1916年10月
為了突破陷入僵局的壕溝戰，德軍在西部戰線的軍隊配置了以特別的「新戰術」訓練而成的「突擊部隊」。

「突擊部隊」的新戰術「滲透戰術」內容如下。

ドン
※咚咚
①先在短時間之內進行猛烈的攻擊預備射擊，壓制敵人的步兵與癱瘓敵軍的指揮通訊系統。

②讓突擊部隊以小部隊的規模，在滿布煙幕的戰場前進。
ダダッ
※躂躂

小部隊不會正面強攻，而是攻擊
陷入混亂的敵軍部隊的「弱點」！
在這種作戰方式之下，
現場指揮官（下士軍官）
必須具備判斷戰術的能力！

③當突擊部隊撬開敵軍戰線之後，便繼續往敵軍戰線的後方前進。
跟進部隊
④跟進部隊包圍剩下的敵軍據點。
③
④
就像是在堤防挖出小洞，讓河水一舉沖垮堤防的感覺。
突擊部隊撬出的「縫隙」將讓敵軍戰線「潰散」。

滲透戰術與其極限

傳統的戰術會先讓攻擊部隊進行大規模突破，而守方當然會增援兵力，防堵戰線的破口，但「滲透戰術」則是讓守軍的後方司令部無法與前線的守軍聯繫，造成前所未有的混亂，讓守軍的後方司令部無法在適當的時間點下達確實的命令。

相較於德軍的指揮系統，英法聯軍（尤其是英軍）的下級指揮官更習慣等待上級指揮官的命令，而聯軍的上級指揮官也會要求前線的下級指揮官回報狀況，並在掌握情況的細節後，撰寫增援兵力的軍令，再命令傳令兵將軍令帶至增援部隊，增援部隊再於此時出發。不過，在如此漫長的過程中，前線的狀況已截然不同，常常已經錯過需要增援的地點與時間點。

德軍突擊部隊的下級指揮官可自行根據現況判斷戰術，但聯軍的前線下級指揮官必須等待後方的上級指揮官發號施令才能採取行動。

換句話說，德軍讓下級指揮官擁有一定的指揮權限，讓下級指揮官決定當下的作戰方式，而聯軍位於前線的下級指揮官則必須等待後方司令部的上級指揮官下達命令，整個決策循環太過冗長，所以循環的速度也很慢，無法跟上德軍那種快速決策循環的節奏。

這種快速決策循環的決策速度非常快，快得能在作戰之際占得上風，而這種模式也對現代的用兵思想造成莫大影響。

這種滲透戰術於1917年9月東部戰線的里加大規模應用，讓俄羅斯軍隊陷入恐慌。此外，在同年11月於義大利戰線爆發的卡波雷托戰役之中，義大利軍的28個師團也因為這項戰術而瓦解，德軍因此抓到27萬名俘虜。在西部戰線方面，這項戰術是於1917年11月爆發的康布雷戰役的反擊首次大規模應用，英軍（於下一課介紹）也透過戰車部隊的奇襲奪回戰果。到了1918年3月，德軍發動了最後一波攻勢「皇帝會戰」，也透過這項滲透戰術讓軍隊

◆決策循環

◆德軍
將指揮權限下放給下級指揮官，由下級指揮官自行判斷。決策循環較小，循環速度較快！

是由我決定的！

◆聯軍
相較於德軍的決策方式，聯軍的下級指揮官習慣等待上級指揮官的命令，不管是情報還是命令，都必須從前線傳至後方。這種決策循環太大，循環速度也太慢…

敵人打過來了！
該怎麼辦！
要向更高層的人回報
立刻展開反擊！

循環速度快等於決策較快，
也能靈活地因應狀況與意外。
千萬不能忽略
藏在這種滲透戰術背後的
組織文化喲。

得以逼近距離巴黎90公里的位置。

不過，這波大攻勢加重了突擊部隊的疲勞與消耗，砲兵部隊與補給部隊也很難跟上突擊部隊的腳步，所以突擊部隊無法繼續前進，德軍也未能贏得決定性的勝利。

簡單來說，這項「滲透戰術」只有字面上的意思，終究只是一種「戰術」，並非影響整體戰局的「戰略」（進一步來說，德軍無法讓「戰術」的成果昇華為「戰略」的勝利，也缺乏「作戰」層級的策略。換言之，就是缺乏「作戰藝術」，而這個「作戰藝術」將於後續的著作介紹）。

※1：「工兵」分成架橋、建設的「建設工兵」，以及利用炸藥（與步兵一樣）進行近距離戰鬥的「戰鬥工兵」，但當時德軍的「工兵」（Pionier）都有接受建設陣地與破壞陣地的訓練，同時擔任戰鬥工兵的職務。

■第5課總結

①第一次世界大戰的作戰型態從一開始大幅移動的「運動戰」轉型為固守陣地的「陣地戰」，最終還陷入難以分出勝負的壕溝戰。

②機關槍在壕溝戰成為一大戰力，防衛陣地的戰術與砲兵戰術也於此時進化。在這個過程之中，德軍砲兵指揮官布呂歇穆爾提出了以「壓制」為主要目的的砲兵戰術，取代了傳統以「破壞」為目的的砲兵戰術。

③輕型機槍普及，法軍的「戰鬥群戰法」與德軍的「滲透戰術」這類小部隊戰術也有了長足的進步，尤其德軍讓下級指揮官自行決定作戰方式的同時，也要求下級指揮官擁有判斷戰術的能力。

④將指揮權限下放給小部隊的下級指揮官，讓決策循環變小，加快決策速度，藉此占得上風。這種決策循環也對現代的用兵思想造成深遠的影響。

第6課

機甲戰術的發展

戰車（坦克）登場

開發突破戰壕陣地的方法

這部分雖然有點像是複習前面的內容，不過第一次世界大戰的西部戰線一開始，是從活用機動力的「運動戰」開始，接著進入運用陣地火力與防禦力的「陣地戰」，之後這些陣地又進化成由2～3條陣地帶組成的「數帶陣地」，而這些陣地帶之間的間隔皆為數公里遠。

即使攻方的砲兵部隊進行長時間的攻擊預備射擊，守方只要逃入深入地底的掩蔽壕就能躲過轟炸，也能在攻方的步兵進攻之際，利用架在地面的重型機槍掃射來犯的敵軍。

此外，就算攻方突破第一、二陣地帶，守方還是能在攻方被滿是砲彈坑的地面拖住腳步時，利用後方的路網與鐵道迅速補充兵力，強化第三陣地帶的守軍，也能在後方部署新的戰線。

所以雙方都無法大規模突破彼此的防線，壕溝戰也因此陷入膠著。

為了突破如此僵局，德軍開發了「新軟體」，也就是改成短時間密集轟炸的策略，並在砲彈之中挾雜了毒氣彈，藉此執行讓守軍暫時癱瘓的「壓制射擊」以及由小部隊滲透敵軍後方的「滲透戰術」。

另一方面，英軍則企圖以「戰車」這項「新硬體」突破陷入膠著的壕溝戰。

近代戰車的開發

第一次世界大戰爆發沒多久，英國陸軍中校歐內斯特・斯溫頓（1868～1951年）從美國霍爾特公司製造的農業專用牽引車的履帶（連續軌道）得到靈感，想到能在滿目瘡痍的戰地上奔馳的戰鬥專用車輛，還透過英國政府的帝國國防委員會將這個點子上呈當時的陸軍大臣，可惜保守的高層未能接納，這個點子也被束之高閣。

不過，海軍大臣溫斯頓・邱吉爾（1874～1965年）卻注意到這個點子。1915年2月，邱吉爾設立了「登陸艦（land ship）委員會」，著手開發新型戰鬥車輛。當時的英國海軍正將麾下的海軍航空勤務隊派往歐洲大陸，便全面啟用勞斯萊斯裝甲車守護機場。得知此事的邱吉爾便積極開發輕型車輛。

在登陸艦委員會的主導下，有許多實驗性質的戰車誕生，例如pedrail式連續軌道的「Pedrail登陸艦」，或是由技師威廉・特里頓（1875～1946年）設計的「特里頓機」（也稱為「林肯機」〈依照製造商所在地點〉或是暱稱為「小威利」）。

特里頓與他的夥伴也在陸軍的協助之下，開發了新型登陸艦HMLS※1「Centipede」（蜈蚣之意。這種新型登陸艦又稱為「大威利」）。這台車輛堪稱所有近代戰車的雛型，所以又被稱為「母親」

◆小威利

這就是現代戰車的濫觴！
順帶一提
「小威利」是敵國德意志
威廉皇太子的綽號喲。

（Mother）（為了與利用馬匹牽引的雙輪戰車〈Chariot〉區分，本書將其稱為「近代戰車」）。以這台「母親」為原型，於全世界首次量產的近代戰車就是「戰車（坦克）Mk.I」。

此外，「坦克」這個名稱源自送往中東美索不達米亞戰線的水槽（tank），當時是為了保密才假裝命名為水槽。

菱形重戰車的構造與功能

眾所周知的是，戰車（坦克）Mk.I與其改良型的戰車是從巨大菱型（更接近平行四邊形）車體改良而來的「菱型重戰車」。這種戰車的車體外圍布有連續軌道，車體後方有輔助操控的輔助輪（不過輔助輪的效果不大，後來就被廢除）。

基本上，這款菱型重戰車依照搭載的武器分成「雄型（male）」與「雌型（female）」兩種。雄型搭載的是源自艦載砲的6磅砲（口徑57公釐）與機槍，雌型通常只搭載機槍。6磅砲適合破壞敵陣火點這類軍事構造，機槍則適合掃射敵人。不過，菱型重戰車沒有現代戰車的旋轉砲塔（turret），而上述這些武器都安裝在車體側面低處的突出部（sponson）（德軍於日後虜獲了少數生產的戰車以及菱形重戰車之後，便著手開發與戰車抗衡的車輛，後來便開發了將雌型單邊突出部換裝為雄型構造的「雙性戰車（hermaphrodite）」。

戰車Mk.I（雄型）的重量約28噸，可搭載8名士兵。裝甲厚度高達12公釐，可承受使用步槍子彈的機槍射擊。最高時速為6公里，與徒步移動的步兵差不多，卻能一口氣壓過鐵絲網以及其他障礙物，也能越過供一般步兵躲藏的壕溝。

◆Tank Mk.I (Male)

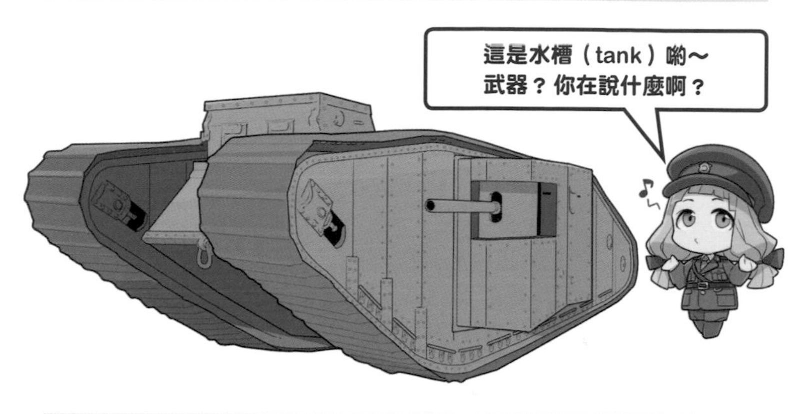

◆Tank Mk.4 (Female)

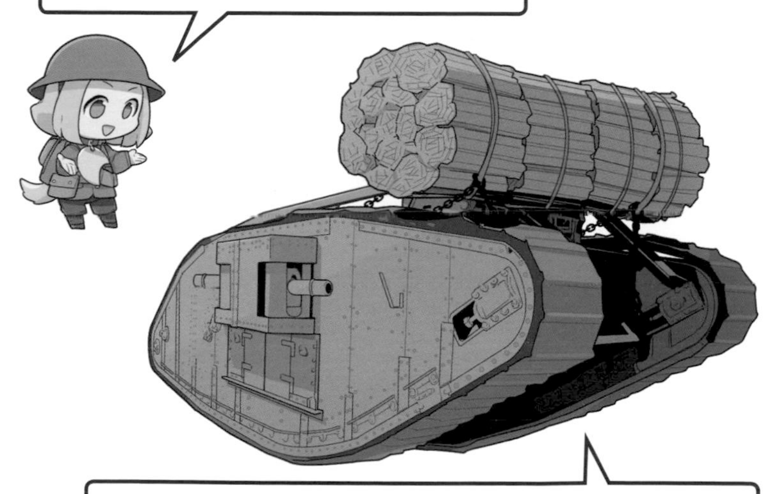

上頭的木梱可用來填埋戰壕！對付戰車的策略之一就是加寬壕溝，所以才會需要裝備木梱。
菱形重戰車的車體兩側設有突出部（sponson），武器就是裝在這個突出部的位置。這種菱形重戰車分成配載大砲的雄型（Male）與搭載機槍的雌型（Female）。

史上首次近代戰車於實戰應用

著手開發戰車的斯溫頓認為在戰車第一次於實戰應用之際，大量投入戰車可創造絕佳的奇襲效果。

不過，英國遠征軍總司令道格拉斯．黑格（1861～1928年）為了在1916年7月爆發的「索姆河戰役」（參考第5課）突破遲滯的攻勢，決定讓戰車於實戰應用。可於同年8月實戰運用的戰車部隊只有6個中隊，戰車總數也只有60台。此外，這些戰車有不少在利用鐵路運送的時候損壞，或是在移動時故障，導致抵達前線時，只剩下32台。自9月15日開始，有4個步兵軍團於戰區中央帶地附近的夫雷爾參戰，而上述這些戰車就分配給這4個軍團，攻擊不同的目標。

戰車開始前進之後，又因引擎故障或陷入砲彈坑而減少數量，等到抵達最前線的時候只剩下9台。但是當死守壕溝陣地的德軍看到能壓垮鐵絲網與反彈機槍子彈的戰車之後，完全陷入了恐慌，英軍也成功占領寬約8公里，深約2公里的德軍戰線。

英法聯軍在「索姆河戰役」雖然死傷慘重，卻也證明了戰車（坦克）的確能有效地「突破戰壕」。

在此戰役之後，黑格總司令官便提出生產1000輛戰車的要求。

※1：「HMLS」是「His Majesty's Land Ship」的縮寫，意思是「國王陛下的登陸艦」。

利用戰車突破壕溝線

步戰協同戰術「康布雷戰術」

緊接著英軍在1917年11月爆發的「康布雷戰役」集中了大量的菱型重戰車與發動攻勢。

當時的英軍採用了讓徒步移動的步兵部隊跟在戰車部隊旁邊攻擊敵軍壕溝陣地的「步戰協調戰術」，也就是所謂的「康布雷戰術」。

比方說，以12輛戰車支援2個步兵大隊攻擊敵軍陣地時，會以下列的隊形接近敵陣。

第一步讓4輛「前哨戰車（advanced guard tank）」排成一列前進，再讓8輛「主力戰車（main body tank）」排成一列，跟在後方100碼（約91公尺）的位置（換言之，1輛前哨戰車後面跟著2輛主力戰車）。接著在每輛主力戰車後方配置各由1個小隊步兵組成的「掃蕩隊」與「壕溝阻斷隊」，這兩個小隊會排成1～2排跟著，接著在每2台主力戰車配置由1個步兵中隊組成的「壕溝守備隊」。

此外，此時德軍已將壕溝挖至菱型重戰車無法穿越的寬度，所以英軍製作了寬約3公尺，直徑約1.5公尺、重量1.75公噸的巨大木梱，放在戰車車體上方，遇到壕溝時，就利用這些木梱填平壕溝。

原本是陣地戰戰術的康布雷戰術

攻擊壕溝陣地的步驟大致如下。

①第一排的「前哨戰車」先一邊砲轟敵人的火點，一邊掩護後續

的部隊，同時壓垮架設在敵陣前方的鐵絲網或其他障礙物，為後續的部隊開路。接近第一線的壕溝之後，轉向90度，沿著壕溝移動，同時以機槍掃射壕溝裡面的敵兵，讓後續的「主力戰車」得以穿越壕溝。

②接著讓跟在後方的其中一台「主力戰車」穿越「前哨戰車」製造的破口，移動到第一線壕溝的邊緣，再丟下巨大木梱。主力戰車從巨大木梱上方穿過戰壕之後轉向90度，從第一線壕溝的「後方」以機槍掃射壕溝之內的敵人，跟在後面的「掃蕩隊」也負責引導掃蕩敵兵的行動。換言之，第一線壕溝之內的敵軍會被前後方的戰車機槍掃射，還會被「掃蕩隊」的步兵攻擊。

③接著第2輛「主力戰車」會從第1輛「主力戰車」打開的破口移動到第二線壕溝的邊緣，並在穿越壕溝之後轉向90度，沿著壕溝邊緣移動，同時以機槍掃射壕溝之內的敵軍，跟在後面的「掃蕩隊」也會支援，第二線壕溝的守軍一樣會被前後的機槍掃射，以及遭遇「掃蕩隊」攻擊。

④跟在「掃蕩隊」後方的「壕溝阻斷隊」會在連接敵軍第一線壕溝與第二線壕溝的交通壕設置障礙，斬斷敵軍利用交通壕展開反攻的希望。

⑤「前哨戰車」完成第一線壕溝的壓制之後，便往第三線壕溝前進，並在穿越壕溝之後，從第三線壕溝的後方以機槍掃射敵軍。此時第2輛「主力戰車」也會跟著從第三線壕溝的前方以機槍掃射敵軍，讓敵軍腹背受敵。

⑥最後則由「壕溝守備隊」守護占領的壕溝陣地，避免敵人展開反擊。

由上可知，於全世界首次應用的步戰協同戰術「康布雷戰術」並非運用機動力的「運動戰」戰術，而是奪取敵軍壕溝陣地的「陣地戰」戰術。

康布雷戰術

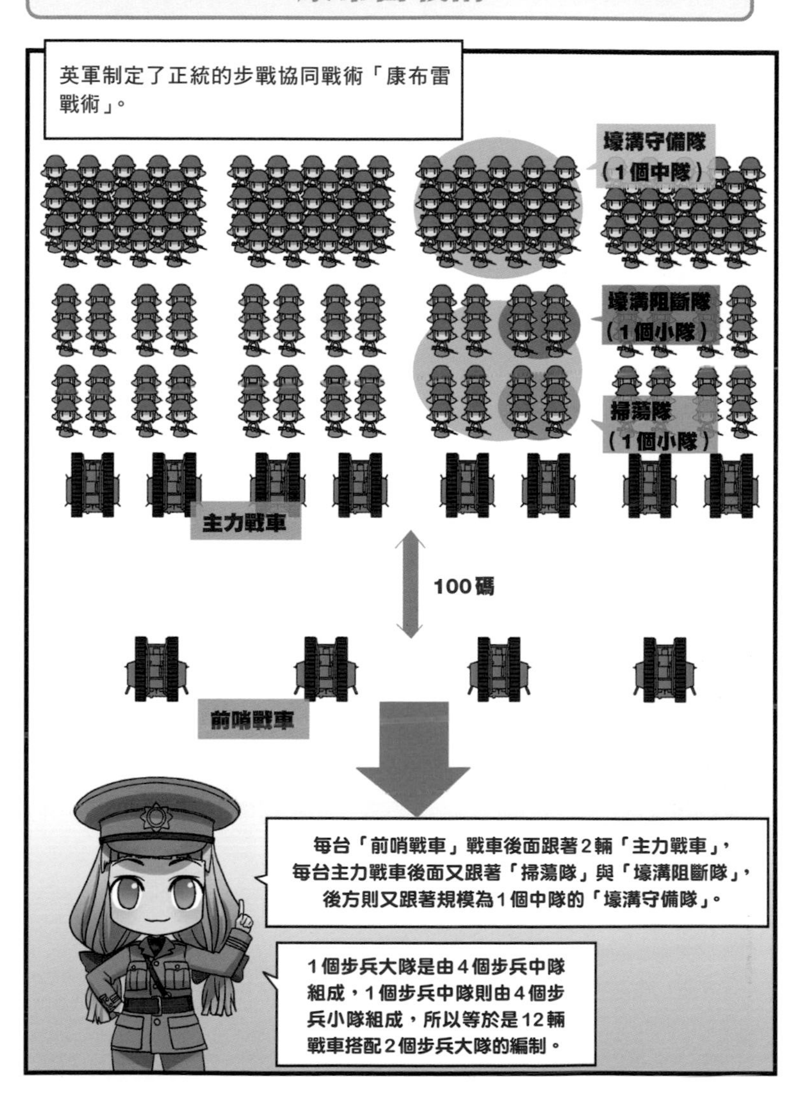

英軍制定了正統的步戰協同戰術「康布雷戰術」。
壕溝守備隊（1個中隊）
壕溝阻斷隊（1個小隊）
掃蕩隊（1個小隊）
主力戰車
100碼
前哨戰車
每台「前哨戰車」戰車後面跟著2輛「主力戰車」，每台主力戰車後面又跟著「掃蕩隊」與「壕溝阻斷隊」，後方則又跟著規模為1個中隊的「壕溝守備隊」。
1個步兵大隊是由4個步兵中隊組成，1個步兵中隊則由4個步兵小隊組成，所以等於是12輛戰車搭配2個步兵大隊的編制。

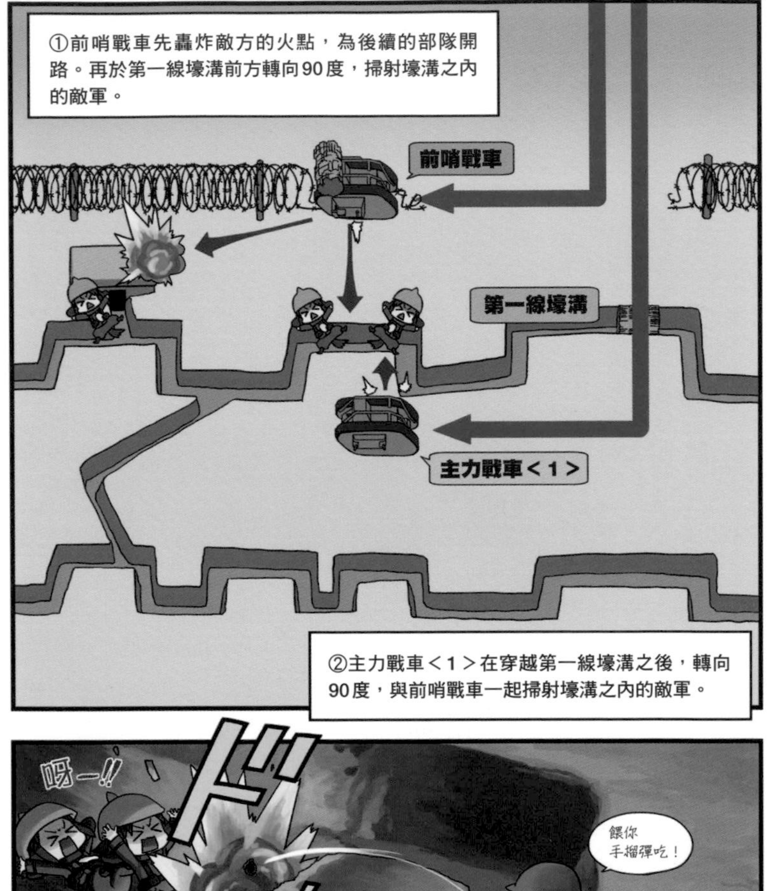
①前哨戰車先轟炸敵方的火點，為後續的部隊開路。再於第一線壕溝前方轉向90度，掃射壕溝之內的敵軍。
前哨戰車
第一線壕溝
主力戰車<1>
②主力戰車<1>在穿越第一線壕溝之後，轉向90度，與前哨戰車一起掃射壕溝之內的敵軍。

呀—!!
ドゴ
ガ—ン
※咚、鏘
餵你
手榴彈吃！
在戰車的支援下，掃蕩隊衝進第一線壕溝之內，掃蕩壕溝之內的敵軍。

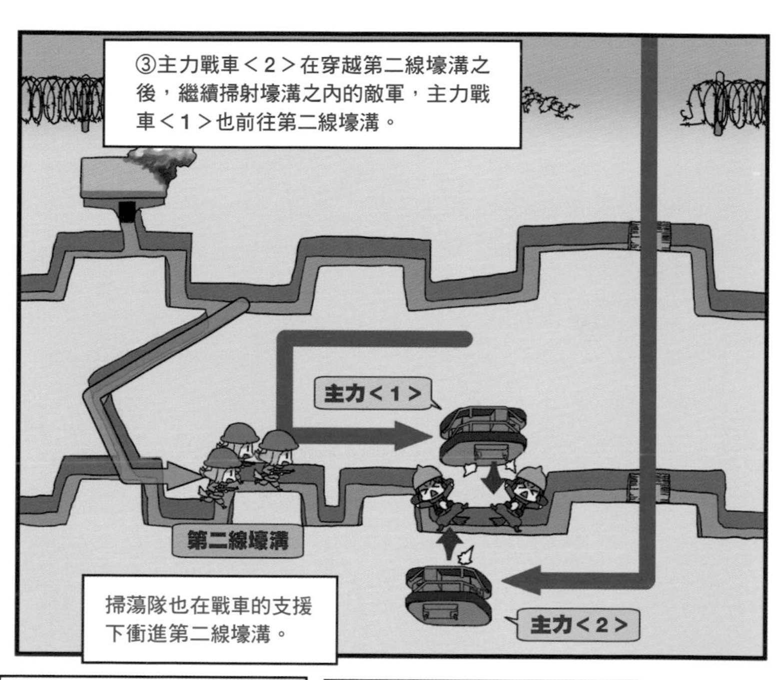

④「壕溝阻斷隊」會在第一～二線壕溝之間的交通壕設置障礙，避免敵軍展開反擊。

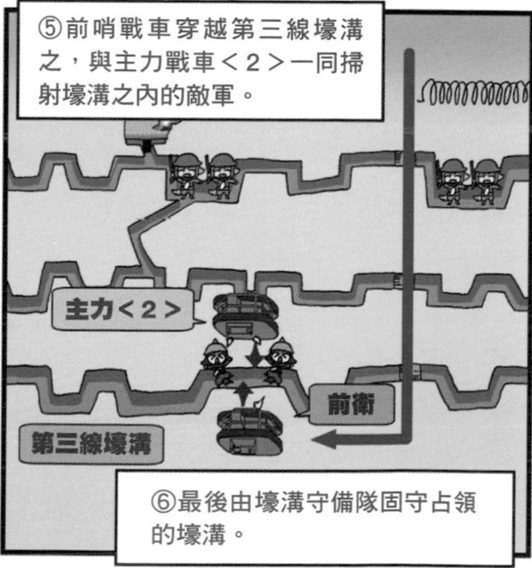

⑤前哨戰車穿越第三線壕溝之，與主力戰車＜2＞一同掃射壕溝之內的敵軍。
主力＜2＞
前衛
第三線壕溝
⑥最後由壕溝守備隊固守占領的壕溝。

康布雷戰役

英軍在「康布雷戰役」集結了467輛戰車，其中包含強化裝甲的新型戰車Mk.IV以及菱型重戰車，同時還建立了負責偵察的航空部隊，這支航空部隊也可透過對地攻擊支援地面部隊。11月20日早晨，英軍突然讓2個步兵軍團（總計8個師團）在戰車的帶領之下，跳過破壞敵軍陣前障礙物的攻擊預備射擊（破壞射擊），直接發動總攻擊。

另一方面，在大清早看到大批英軍戰車突然出現的德軍這邊，有不少士兵倉皇逃跑，英軍也在跳過攻擊預備射擊之下成功奇襲。英軍在當天正午之前，幾乎掌握了第二目標線之內的所有目標。正面展開攻勢的德軍3個軍團也近乎全滅。英軍為了擴大戰車與步兵部隊獲得的初期戰果，便根據作戰計畫投入以3個騎兵師團組成的騎兵軍團。

可惜的是，各騎兵師團雖然得以前進，卻無法迅速突破戰線，因此未能擴大戰果。以第3騎兵師團加拿大騎兵旅團的加里堡馬騎兵連隊B中隊為例，雖然衝進了德軍第三陣地帶，拔刀襲擊了砲兵陣地，搶得大量火砲，但也因此死傷慘重，只好在晚上帶著俘虜退至己方步兵的戰線。德國的官方研究論文指出「英軍騎兵的速度很慢，就算出現在眼前，也只需要以縱向射擊阻止他們進攻」。由於騎兵騎在馬上，所以比步兵更容易瞄準，甚至比沒有戰車支援的步兵更容易被敵人的機槍殲滅。

此外，英軍在前進時，曾被運河擋住，德軍的援兵也從四面八方趕到，所以英軍無法完全突破德軍的防線，還被德軍以「滲透戰術」（參考第5課）奪回占領的地區。由此可知，英軍缺乏能「抵擋敵軍機槍掃射，又能迅速擴大戰果的追擊兵力」。

康布雷戰役—擴張戰果失敗

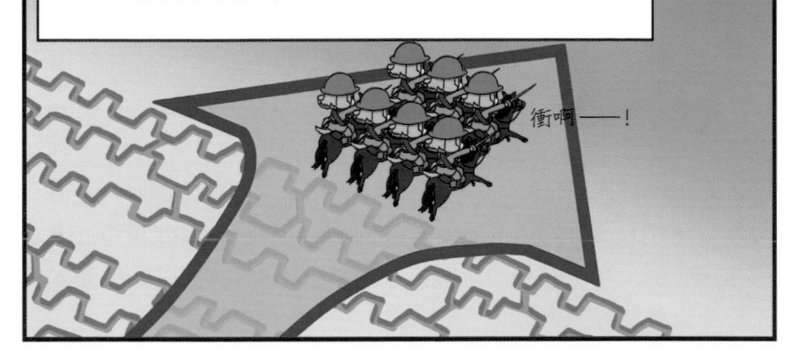

藉著戰車與步兵一舉突破德軍防線的英軍企圖以
3個騎兵師團組成的騎兵軍團擴張戰果，但是！
衝啊——！

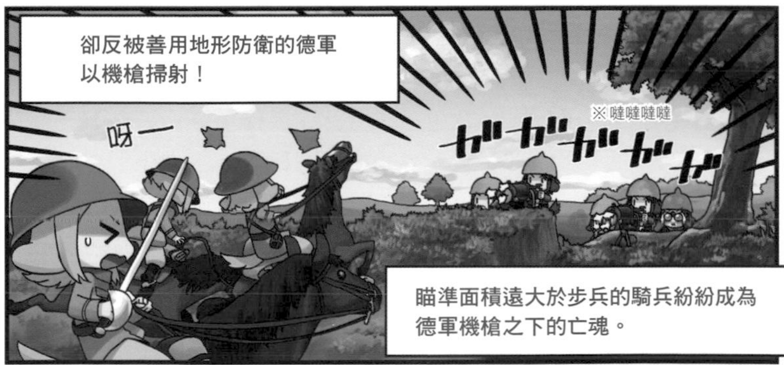

卻反被善用地形防衛的德軍
以機槍掃射！
呀—
※噠噠噠噠
ガガガガガ
瞄準面積遠大於步兵的騎兵紛紛成為
德軍機槍之下的亡魂。

不能只是
突破戰線啊…
要擴張戰果還是需要
足以追擊的兵力。
好痛…

快速追擊戰車問世

其實開發戰車Mk.I的特里頓等人早在「康布雷戰役」爆發之前的一年多，也就是1916年12月的時候，著手開發新型追擊戰車「特里頓追獵手」，也於1917年2月完成第一台試作車，但一直等到同年10月才完成第一台量產車，12月中旬才得以抵達部隊，所以來不及趕上11月的「康布雷戰役」。

這台戰車的正式名稱為「中型戰車Mk.A（Medium Mark A）」，但特里頓自己替這款戰車取了個「惠比特犬」（Whippet）的小名。惠比特犬是跑速極快，專獵兔子的中型犬。

惠比特犬戰車的車重約14公噸，大約是菱型重戰車的一半。車體前方是機關室，後方是駕駛艙，駕駛艙的四個方向都設有機槍座（搭載3～4梃機槍）。負責掃射壕溝敵軍的菱型重戰車會將主要的武器安裝在車體兩側低處的突出部，但是負責突破敵軍防線，襲擊後方砲兵陣地或司令部的惠比特犬戰車是設計成能大範圍射擊的構造。順帶一提，惠比特犬戰車的試作車原本搭載了奧

◆Mk.A「惠比特犬」

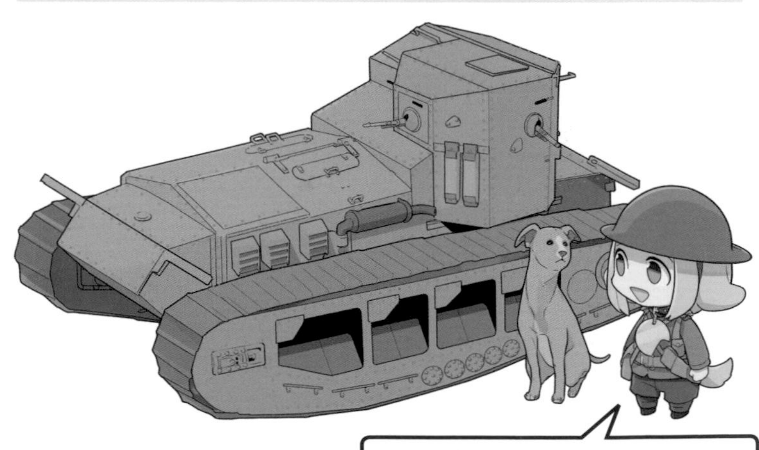

斯汀裝甲車的旋轉砲塔（turret），但為了大量生產而變更為固定戰鬥室的設計。

此外，惠比特犬戰車的主戰場是敵軍的後方，而敵軍的後方通常不會有堅固的隱蔽陣地，所以不需要像「雄型」菱型重戰車一樣，配置大口徑的火砲，反而是機槍比較方便掃射大批沒有任何防備的敵軍，所以惠比特犬戰車只配備了機槍。

追擊專用的惠比特犬不像菱型重戰車需要穿越敵陣前方鐵絲網，也不需要攻擊壕溝陣地，所以連續軌道（履帶）不像菱型重戰車那樣圍繞整個車身，而是改在車體下方配置，藉此提升妥善率。惠比特犬的最高時速為13公里，大約是戰車Mk.I的2倍。當英軍擁有如此快速的中戰車，就等於擁有一支比傳統騎兵更具追擊能力的部隊。

順帶一提，英軍從大戰一開始就使用裝甲車，但當時的裝甲車是輪式戰車，不像連續軌道（履帶式）戰車那般，能隨意穿越荒蕪的戰場。

亞眠戰役

中型戰車Mk.A惠比特犬於1918年3月首次投入實戰，並在同年8月爆發的「亞眠戰役」中大顯神威。

英軍為了發動這次的攻勢，集結了戰鬥專用的菱型重戰車360輛※1以及96輛惠比特犬戰車，還投入16輛備有2座旋轉機槍座的奧斯汀裝甲車（車輛數量仍未有定論）。之後還讓負責追擊的惠比特犬戰車搭配未能在「康布雷戰役」擴張戰果的騎兵部隊。

攻擊部隊採用了自「康布雷戰術」改良而來的隊形，主要是讓小規模的偵察部隊（徒步移動）走在前方，向後方的戰車告知敵軍的位置，戰車的後方150碼（約137公尺）之處，則跟著主力的步兵部隊。

8月8日早上，聯軍的砲兵發動攻擊預備射擊，戰場上的能見度也因為濃霧、煙幕彈以及砲彈揚起的煙塵而迅速下降，攻擊部隊只能靠著己方砲彈的爆炸聲前進，不過對聯軍來說，這算是不幸中的大幸，因為當聯軍隨著砲聲與煙霧衝進德軍的戰壕之中，躲在戰壕裡的德軍全因突然出現在眼前的聯軍而陷入恐慌。

等到太陽升起，濃霧散去，就輪到菱型重戰車的火砲大顯身手，支援己方的步兵部隊攻擊，德軍的士氣因此潰散，戰線也出現一個寬達20公里的大洞。

就這樣，英軍趁勢掌握了擴大戰果的機會。

利用惠比特犬戰車擴張戰果

話說回來，追擊部隊雖是由惠比特犬戰車與騎兵組成，但兩者之間不太協調。比方說，惠比特犬戰車不像騎兵那般靈活，但容易成為機槍活靶的騎兵又無法跟著惠比特犬戰車前進。

不過，即使情況如此，第1騎兵師團第9騎兵旅團的第15輕騎兵連隊還是展開突擊，比己方步兵部隊早一步奪取1英里（約1.6公里）遠的敵方陣地，但也因此死傷慘重。

另一方面，戰車軍團第6大隊中隊的惠比特犬戰車「音樂盒號」則在該中隊戰車陸續失去移動能力的情況下，隻身闖入德軍戰線大後方的砲兵陣地，還摧毀敵軍用來觀測敵情的氣球，接著闖入敵軍步兵部隊的營地，造成敵軍60名的死傷，並在周圍繞行了1小時以上，利用機槍掃射躲進甘蔗田的德軍。最後還截斷德軍第225師團的補給線※2，以機槍破壞馬車與卡車，讓敵軍遭受嚴重的損害。可惜的是，最後被德軍的機槍※3 掃射至起火，駕駛員在逃出戰車的時候戰死，戰車長與機槍手也被俘虜，但這台戰車成功地在德軍後方大鬧了9小時之久。

此外，戰車軍團第17大隊的奧斯汀裝甲車也衝進德軍前線的補給線，再破壞沿路的物資囤積所。接著兵分兩路，其中一路攻擊德軍第51軍團的戰鬥指揮所，利用機槍掃射正在吃飯的德軍幕僚，讓整個指揮系統分崩離析（軍團長不在現場），在德軍後方大鬧一場之後，再回到自己的部隊之中。

換言之，英軍雖然未能在「康布雷戰役」擴大戰果，卻在這場亞眠戰役利用移動快速的中型戰車與裝甲車締造了絕佳的戰果。

亞眠戰役的影響

德軍參謀次長魯登道夫在其回憶錄之中，將「亞眠戰役」形容成「德軍最黑暗的一天」，可見他在當時遭受了莫大的衝擊，德軍的士氣可說是完全崩潰，但其實這場戰役還造成了許多重大的影響。原本於英吉利海峽到索姆河這一帶鎮守的魯普雷希特德軍預備兵力有36個師團之多，卻在8月16日當天銳減至9個師團。兵力所剩無幾的德軍未能在「亞眠戰役」之後因應聯軍的連續攻勢，只能被迫在短短3個月之後的11月11日投降。

換言之，在移動快速的中型戰車或裝甲車迅速擴張戰果以及摧毀防線之下，陷入恐慌的德軍高層毫無章法地投入大量的預備兵力，士兵的士氣也因此遭受毀滅性的打擊，最終德國的戰爭指導部也因此喪失戰意。

※1：除了戰鬥之外，還投入了運送彈藥、陣地建造資材的補給專用戰車。
※2：補給線的英文為Train，在近代的意思是由補給兵組成的後勤組織，在此指的是補給軍需品的運輸部隊。
※3：一般推測，使用的是專門對付戰車的特殊硬芯穿甲彈。

回歸運動戰

富勒的「1919計畫」

在「亞眠戰役」爆發之前的1918年5月，英國戰車軍團參謀長約翰・弗雷德里克・查爾斯・富勒中校（1878～1966年）為了隔年春天的攻勢擬定了「1919計畫」這項作戰計畫。但一如前述，在計畫付諸實行之前，第一次世界大戰就於1918年11月結束，以劃時代移動速度為目標的新型中型戰車Mk.D（詳情請見後述）也未能開發成功，但富勒還是繼續改良計畫。

「1919計畫」的骨架是集結2600輛菱型重戰車與2400輛新型中型戰車Mk.D，讓移動快速的中型戰車部隊朝敵軍前線司令部衝刺，再讓重型戰車部隊與步兵部隊一同突破敵軍戰線，接著讓其他的中型戰車以及由卡車運送的步兵組成追擊部隊，從剛剛打開的破口繼續前進，最後與一開始的中型戰車部隊會合，一起朝德軍的心臟地帶進攻。

這套作戰計畫與德軍的「滲透戰術」一樣，著力於癱瘓敵軍的指揮系統，讓敵軍無法充分發揮戰力。

德國在第一次世界大戰結束後成了戰敗國，而富勒這套用兵思想卻影響了敵國的海因茨・古德里安以及其他的德國軍官。

凡爾賽條約──毀約與裝甲師團的新編制

於第一次世界大戰敗北的德國在與各國簽訂的和談條件「凡爾賽條約」的要求下，陸軍兵力不能超過10萬人（7個步兵師團、3個騎兵師團以下），並禁止保有航空部隊※1，也不能保有戰車，同時禁止成立參謀總部或類似的機構。

不過，於1933年掌握德國政權的阿道夫・希特勒（1889～

1945年）於1935年背棄凡爾賽條約的軍備限制條款，宣布德國將「恢復軍備」，也宣布德國將重新創設空軍。

其實德軍在希特勒宣布恢復軍備之前，就已經在聯軍的監視之下，偷偷地開發戰車與軍用機。

此外，德軍內部的海因茨·古德里安（1888～1954年）這些思想進步的軍官認為，不能再採用以步兵部隊為主力，另配戰車支援步兵部隊的編制，而是該以快速戰車部隊為主力，另外整編步兵部隊、砲兵部隊、工兵部隊，組成所謂的「裝甲師」(Panzer-Division)。

在這種用兵思想之下，德軍於1935年正式組織3個前所未有的裝甲師，之後也陸續擴編。

裝甲師的作戰節奏

以支援步兵為主要任務的戰車部隊機動力，是以徒步移動的步兵部隊為基準，但德軍的裝甲師卻是以快速的戰車部隊為基準，讓每個部隊機械化，也就是讓步兵搭乘各種裝甲車或汽車，藉此提升整個師團的機動力。傳統的戰車部隊與海因茨古德里安設計的裝甲師之間，在「機動力」這點有著決定性的差距。

裝甲師可利用高超的機動力進行節奏極快的作戰，讓敵軍來不及反應，無法做出有效的應對。具體來說，就是在敵軍固定陣地之前，先突破敵軍的防線，再蹂躪敵軍後方的砲兵陣地、司令部、通訊設施與後勤組織。此時敵軍將來不及投入反擊部隊，無法堵住被撬開的戰線破口，後方的增援部隊也將在移動的隊形下遭受攻擊與失去戰力。換言之，裝甲師的作戰節奏是裝甲師本身最大的利器。

此外，新編成的德國空軍也急速配置新型航空器。以具體的數據來看，在第二次世界大戰爆發前夕（1939年8月底），德軍保有的各式航空器多達4200台，並在大戰爆發之前介入※2西班牙內戰（1936～39年）實驗新型航空器的威力。

德國陸軍航空隊從第一次世界大戰的時候，就實施對地支援，但德國空軍在介入西班牙內戰之後發現一件事，那就是俯衝轟炸機（Sturzkampfflugzeug）能更有效率地執行對地支援任務，這款俯衝轟炸機也於日後爆發的大戰，為裝甲師取得空中的優勢。

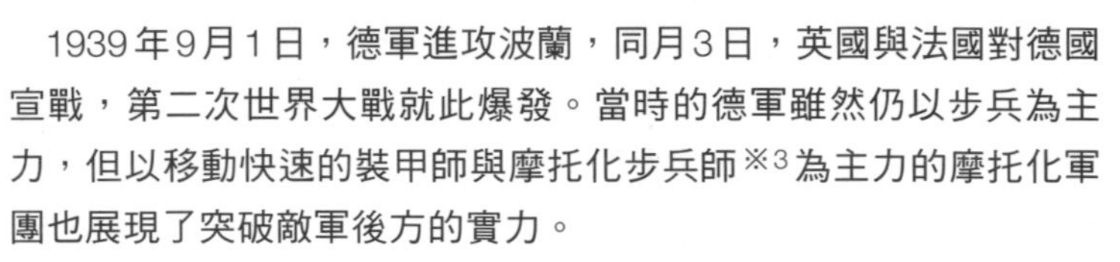

1939年9月1日，德軍進攻波蘭，同月3日，英國與法國對德國宣戰，第二次世界大戰就此爆發。當時的德軍雖然仍以步兵為主力，但以移動快速的裝甲師與摩托化步兵師※3為主力的摩托化軍團也展現了突破敵軍後方的實力。

1940年5月10日，德軍啟動西方進攻作戰（入侵法國、比利時、荷蘭、盧森堡）之前，將3個摩托化軍團重新編制成巨大的「克萊斯特裝甲集團」※4。該裝甲集團的人數高達13萬4370人，戰車1222輛（接近德軍戰車總數的一半），各式車輛多達4萬1140輛。

英法聯軍原本認為大部隊很難迅速通過北利時南部亞爾丁森林，沒想到這個克萊斯特裝甲集團一下子就通過，也因此突破聯軍的守備弱點——色當，比聯軍（尤其是作戰節奏緩慢的法軍）早一步搶占英吉利海峽，成功包圍聯軍主力。部分被包圍的英軍與法軍選擇丟下戰車或大砲這類重裝備，從敦克爾克這些地區逃往英國本土，德軍也在短短6週之內讓法國投降。要知道，德國在第一次世界大戰中與法國對戰了4年也無法將其擊敗。這就是所謂的「閃電戰」（一般認為，德軍從未如此稱呼這種作戰方式）。

閃電戰的要點如下。

①空軍的航空部隊攻擊敵軍的飛機場，展開擊滅敵方空軍的「航空擊滅戰」，確保空中的優勢。此外，攻擊敵軍後方的集結地

裝甲師與機動力

傳統戰車部隊的機動力是以徒步的步兵為基準。
步兵是基準！
慢吞吞
慢吞吞

德軍的裝甲師則是以戰車為基準，機械化支援的部隊。
戰車是基準！
嘎嘎嘎

以高超的機動力與快速的作戰節奏掌握戰爭的主導權。
速度就是最佳利器！

或鐵路調度站，阻止部隊往前線移動，同時轟炸敵軍的司令部、通訊設施，讓敵軍的指揮系統陷入混亂與癱瘓。

②地面部隊在空軍的對地支援下，突破敵方的防線，裝甲部隊繞過敵軍的重要據點，直接深入敵軍後方，包圍敵軍主力，至於敵軍的重要據點則交由後續的步兵部隊處理。

由上可知，德軍的「閃電戰」與第一次世界大戰的「滲透戰術」有許多共通之處。具體來說，就是「繞過敵方據點並快速前進敵軍後方」以及「讓敵軍指揮系統陷入混亂與癱瘓」這兩個部分。此外，古德里安也曾在回憶錄提到，自己的用兵思想受到富勒提出的「1919計畫」影響。

閃電戰的極限

1941年6月22日，德軍開始進攻蘇聯。

一開始，4個由摩托化軍團（日後改稱為裝甲軍團）組成的裝甲集團（後稱裝甲軍）以高超的機動力與快速的作戰節奏在基輔以及明斯克包圍蘇聯大軍，也給予重大打擊。到了10月2日，便啟動劍指蘇聯首都莫斯科的「颱風行動」，希望在這場戰爭做出致命一擊。

不過，在進攻莫斯科之前，季節就進入隆冬，蘇聯軍隊也開始反擊。最終，德軍未能順利攻下莫斯科。

有不少研究學者舉出各種理由，說明德軍無法以擅長的閃電戰打倒蘇聯的原因，例如裝甲師在「颱風行動」開始之前就有不少損耗。此外，在德蘇開戰之前啟動的巴爾幹半島進攻計畫，讓進攻蘇聯的作戰計畫未能即時啟動，德軍的補給能力也不足。

但不管理由為何，德軍的確無法以閃電戰的方式，在短期之內給予蘇聯軍隊致命性的打擊，德蘇之間的戰爭也淪為將近4年的長期戰爭，最終蘇聯軍隊於1945年4月下旬攻入德國首都柏林，希特勒於1945年4月下旬自殺，5月8日，德國簽署投降文件。

雖然第二次世界大戰是以德國戰敗收場，但德軍裝甲師的高超機動力以及作戰節奏，都對各國裝甲部隊※5的作戰方法造成了深遠的影響，尤其冷戰時期的美軍還於「空地作戰」準則（這項作戰準則將於續作詳述）採用了透過作戰節奏掌握主動權※6的戰術（Initiative）。

※1：除了少數處理地雷的航空機。
※2：以義勇軍的名義派遣兵力。
※3：一般來說「摩托化步兵部隊」是指搭乘卡車這類非裝甲汽車的步兵部隊，「機械化步兵」則是搭載裝甲兵員運輸軍這類裝甲車輛的步兵部隊。要注意的是，不同的國家與時代有不同的定義。第二次世界大戰的德軍一開始將搭乘汽車的步兵部隊稱為「摩托化步兵師團」，並在追加了戰車大隊之後，改稱為「裝甲擲彈兵師團」。
※4：以該裝甲集團司令官埃瓦爾德・馮・克萊斯特的名字命名。此外，這裡的「集團」與「軍」一樣，都是由多個「軍團」組成的部隊，但比一般的「軍」更有臨時編制的感覺。此外「軍團」是由數個「師團」組成的部隊。
※5：以汽車、摩托車取代馬或其他牲畜的「機械化」部隊與配置戰車、裝甲車的「裝甲」部隊的總稱。
※6：日本陸上自衛隊會於訓練使用「主動性」一詞，強調自行採取行動的意思。

第1課
第2課
第3課
第4課
第5課
第6課

閃電戰——閃電戰的極限與次世代的作戰方式

「閃電戰」的內容如下。
①航空部隊
攻擊機場與
擊滅敵方空軍。
攻擊敵方司令部與通訊設施，
讓敵方的指揮系統陷入混亂與癱瘓。
攻擊敵軍後方集結地，
阻止敵軍往前線移動。

②地面部隊
頑強的據點交給後續的步兵部隊，
裝甲師先從旁邊繞過。
深入敵軍後方後，
包圍敵人主力，
讓敵軍的指揮系統瓦解。
「繞過敵方據點並快速前進敵軍後方」
和「讓敵軍指揮系統陷入混亂與癱瘓」
這兩個部分與滲透戰術非常相似！

原以為閃電戰可快速擊敗蘇聯，沒想到未能成功，第二次世界大戰也以德國敗北落幕。
我…
我投降…
德國雖然敗北，
但活用機動力與作戰節奏的作戰方式卻影響了戰後的各國軍隊喲。
沒錯，
美國的空地作戰就採用了相同的作戰方式！
喔喔！
那「空地作戰」又是什麼啊？
這就要在續作《現代篇》解說囉♪

■第6課總結

①英軍於第一次世界大戰開發了近代戰車（坦克）。菱型重戰車在「索姆河戰役」首次於實戰應用，接著又於「康布雷戰役」大量投入，也成功占領敵陣，可惜後續的騎兵部隊未能擴張戰果。

②接著英國軍開發了移動快速的中型戰車Mk.A「惠比特犬」。在「亞眠戰役」之中，這款中型戰車與裝甲車成功擴張戰果，英國戰車軍團參謀長富勒中校也於第一次世界大戰末期提出以戰車大部隊為主力的大攻勢作戰「1919計畫」，但大戰在這項計畫執行之前就結束了。

③繼承富勒用兵思想的德軍軍官古德里安提出以移動快速的戰車部隊為主力的「裝甲師」構想，德軍也以這種裝甲師在第二次世界大戰發動「閃電戰」，並在短時間之內打倒法國，也於德國與蘇聯之間的戰爭中讓敵軍死傷慘重，但最終還是無法在短時間內打倒蘇聯，德國也因此宣告敗北。

④冷戰時期的美軍於「空地作戰」準則採用了德軍裝甲師以高超的機動力與作戰節奏進行的作戰方式。

第1課 第2課 第3課 第4課 第5課 第6課

本書總結

本書根據拿破崙時代的約米尼、克勞塞維茨到第二次世界大戰的德軍「閃電戰」，說明了許多影響現代用兵的用兵思想，也稍微介紹了第一次世界大戰的砲兵戰術與步兵戰術。

準備於近日撰寫的續作將介紹第二次世界大戰之前到現代蘇聯／俄羅斯軍隊的「作戰術」、冷戰時期的美國陸軍的「空地作戰」，以及美國海軍陸戰隊的「機動作戰」，同時也將介紹現代俄羅斯軍隊的「混合戰」，以及美國陸軍的「多域戰」。

簡單來說，蘇聯／俄羅斯軍隊的作戰術在第二次世界大戰的德蘇戰爭之中，便為蘇聯贏得了上風，也對各國軍隊的作戰準則造成了深遠的影響。

美國陸軍的「空地作戰」準則也採用了這項作戰術，並於1990年的波斯灣戰爭應用。美國海軍陸戰隊的「機動作戰」則是與「空地作戰」同時期採用的作戰準則，直到現在，仍是基本的作戰準則。

俄羅斯軍隊的「混合戰」是源自西方國家的稱呼（後來俄羅斯也予以採用），在2014年爆發的克里米亞危機、烏克蘭東部紛爭應用之後，便受到各界矚目。

美國陸軍的「多域戰」則是為了與「混合戰」抗衡的新型作戰準則，目前也持續改良中。

本書的內容應該能幫助大家了解這些新型態的用兵思想。

田村尚也

後記

之所以有機會撰寫本書，全因株式會社Hobby Japan的編輯綾部剛之先生邀請我擔任株式會社BERGAMO的NICONICO直播節目「Military空中大學」的來賓。

擔任來賓之際，筆者以拙著《用兵思想史入門》設計了每次40分鐘，共計8次的「課程內容」。這本書介紹了西元前26～25世紀到現代的用兵思想發展經過，而筆者則根據這些內容說明拿破崙戰爭之後的用兵思想，以及現代最新的用兵思想。

可喜的是，這項課程頗受聽眾好評，我也開始思考，是否要以漫畫或插圖的方式，將這些內容整理成簡單易懂的入門書，最終也在綾部先生與相關人士的協助下，得以完成本書。

在此要請大家了解的是，本書的內容基本上與該節目的第一期內容相同，也有許多部分與《用兵思想史入門》重疊。若本書能帶領大家了解戰爭的新型態以及軍隊的作戰方式，那將是作者無上的榮幸。

田村尚也

漫畫戰略兵法 近代用兵思想入門

■文字
田村尚也

■漫畫
ヒライユキオ

■解說插畫
湖湘七巳

■編集
Col.Ayabe

■設計
株式会社エストール

出　　版／楓樹林出版事業有限公司
地　　址／新北市板橋區信義路163巷3號10樓
郵政劃撥／19907596 楓書坊文化出版社
網　　址／www.maplebook.com.tw
電　　話／02-2957-6096
傳　　真／02-2957-6435
翻　　譯／許郁文
責任編輯／王綺
內文排版／謝政龍
港澳經銷／泛華發行代理有限公司
定　　價／350元
初版日期／2022年5月